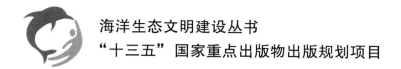

海洋生态文明建设丛书

"十三五"国家重点出版物出版规划项目

渤海陆源入海污染源综合管控研究

张志锋　林忠胜　韩庚辰　等编著

U0341315

2017年·北京

图书在版编目（CIP）数据

渤海陆源入海污染源综合管控研究/张志峰，林忠胜，韩庚辰等编著. —北京：海洋出版社，2017.10

ISBN 978-7-5027-9931-1

Ⅰ. ①渤… Ⅱ. ①张… ②林… ③韩… Ⅲ. ①渤海-海洋污染-污染防治-研究 Ⅳ. ①X55

中国版本图书馆 CIP 数据核字（2017）第 234586 号

责任编辑：白 燕
责任印制：赵麟苏

海洋出版社 出版发行

http：//www.oceanpress.com.cn

北京市海淀区大慧寺路 8 号 邮编：100081
北京文昌阁彩色印刷有限公司印刷 新华书店发行所经销
2017 年 11 月第 1 版 2017 年 11 月北京第 1 次印刷
开本：889mm×1194mm 1/16 印张：11
字数：253 千字 定价：90.00 元
发行部：62147016 邮购部：68038093 总编室：62114335
海洋版图书印、装错误可随时退换

《渤海陆源入海污染源综合管控研究》
编委会

主要编著者： 张志锋　林忠胜　韩庚辰

张　哲　王立军　杨　帆

主要编写人员（以姓氏拼音为序）：

穆景利　马新东　王　莹　于丽敏

杨正先　赵　骞

前　言

随着我国沿海城市的经济发展和城镇化进程的推进，沿海城市工业废水和生活污水所携带的污染物相应增加，近岸海域环境污染趋势加剧，陆源污染已严重影响我国近岸海域的环境质量和可持续发展，这一变化在渤海海域表现尤为明显[1-5]。渤海作为一个内海，水交换周期较长，海水自净能力有限，因此，渤海海洋生态环境对陆源污染的响应比较敏感，在时间和程度上对陆源污染的响应更为直接。如何陆海统筹地有效管控环渤海地区各类主要陆源入海污染源，以减少其对渤海生态环境的影响和危害，对于改善渤海环境质量，促进环渤海地区社会经济与资源环境和谐发展具有十分重要的意义。

本书在综合调研国内外陆源入海污染源管控技术最新进展的基础上，根据2006—2012年对环渤海入海河流、排污口、海洋大气沉降监测数据，结合"渤海环境立体监测与动态评价"（国家海洋局专项）、"近岸海洋环境自然变异与污染机制及环境质量评价成果集成"（国家海洋局科研专项：908-ZC-I-14）和"基于环境承载力的环渤海经济活动影响监测与调控技术研究"（海洋公益性行业科研专项：201005008）成果，通过分析不同类型入海污染源的时空分布特征，系统梳理了基于环渤海地区沿海24个陆源排污管理区的向海排污特征，综合评价了不同入海污染源产生的海洋生态环境效应和有毒有害污染物的海洋生态风险，深入研究了陆源排污与渤海环境质量的源-汇响应机制，并据此提出了针对渤海陆源排污管理区分级管控的策略，以及建立海陆监测体系衔接、污染防治与总量控制机制协调、环境治理与风险管理协同的管理措施建议，期冀为在渤海实施最严格的环境保护政策和建立陆海统筹的渤海环境承载能力监测预警体系等提供决策依据。

本书共分为七章。第一章介绍了陆源入海污染源的主要类型、排污特征以及当前国内外主要的陆源入海污染物管控技术；第二章介绍了环渤海区域概况，包括自然环境情况和社会经济情况；第三章介绍了环渤海地区陆源入海污染源的排放状况，包括入海河流、入海排污口和沿岸非点源排放状况，并分析了基于汇水区的环渤海陆源排污特征；第四章重点介绍陆源排污对渤海海洋生态环境的影响，并对陆源入海污水的生物毒性风险进行了评估；第五章通过对渤海水动力过程和陆源排海污染物输运过程模拟，研究了渤海陆源排污管理区与近岸海域环境的源-汇响应关系；第六章介绍了渤海大气污染物的沉降通量、污染负荷、来源分析及环境影响；第七章针对环渤海区域特征、陆源排污现状和近岸海域水质响应的基础上，提出渤海陆源入海污染源的综合管控策略和措施。

由于作者水平有限，书中难免存在不妥之处，望广大读者给予批评指正！

作者

2017 年 10 月于大连

目　录

第一章 绪 论

第一节 陆源入海污染源简介

入海污染源包括陆源污染源、海上污染源和海洋大气沉降三种主要类型。陆源入海污染源，是指从陆地向海域排放污染物，造成或者可能造成海洋环境污染的场所、设施等[6]。根据陆源入海污染源的含义，它必须具有两个基本特征，即以陆地为产生体，以海洋为受体。多年的监测结果已经表明，陆源入海污染源是我国近岸海域污染的主要来源。

陆源入海污染源类型复杂、数量众多，对近岸海洋环境质量影响显著，特别是对封闭和半封闭海域的影响尤为严重。陆源入海污染源按其污染物排海方式的不同可划分为点源和非点源两种类型。陆源污染物包括工业废水、城镇生活污水、农药和化肥、沿海油田污水等，主要通过河川径流入海和沿岸的排污口等点源直排入海。沿岸非点源产生的污染物也可通过降雨和地表径流等直接排放入海；上游流域非点源污染物最终通过汇水区汇集至入海河流，以点源的形式对海洋环境造成影响。因此，陆源入海污染源又可细分为入海河流、入海排污口、沿岸非点源三种形式。并且，从广义来看，近岸海域大气沉降的污染物质同样来自陆地，也可将其归为气相的陆源污染[7]。

陆源入海污染源的排污与自然环境条件以及人类社会生产、生活密切相关，不同类型的陆源入海污染源具有相对独特的排污特征及对近岸海域生态环境的影响机制，需实施分类管理。

一、入海河流

入海河流是最直接的陆源入海点源污染源。随着社会经济的不断发展，河流沿岸城市的生活和工业污水被大量排放到河流中，同时在地表径流等的作用下，河流也汇集了流域内大量的非点源污染物，使得河流成为陆源污染物进入海洋环境的主要途径之一。通常情况下，经由河流入海的污染物类型最多、总量最高，其对近岸海域环境质量的影响范围广、时间长，对近岸海域富营养化贡献尤为显著。

入海河流的污染物通量与流域降水量、河流径流量等显著相关。现有研究表明，河流污染物入海量的变化与径流量的变化呈正相关关系，其污染物的年内分配情况也与河流径流量的年内分配情况相关。例如，环渤海主要河流的污染物入海量与径流量呈明显的正相关关系，其中黄河污染物入海量与径流量相关系数为0.9，小清河污染物入海量与径流量的相关系数为0.7[8]。《中华人民共和国海洋环境保护法》（以下简称《海洋环境保护法》）中规

1

定，省、自治区、直辖市人民政府环境保护行政主管部门和水行政主管部门应当按照水污染防治有关法律的规定，加强入海河流管理，防治污染，使入海河口的水质处于良好状态。

二、入海排污口

入海排污口是指由陆地沿岸向海域排放污水的排放口，包括污水直排口、排污河、污水海洋处置工程排放口等。入海排污口作为重要的点源污染源，在陆源排污影响中占有重要比例。不同类型入海排污口均有其特征性的排海污染物，通常情况下，入海排污口排放的污染物总量虽然比不上河流，但污水中的特征污染物含量往往较高，对排污口邻近海域的局部影响显著。

入海排污口的污染物排放受降水等自然因素影响不大，排污特征主要受居民生活习惯或工业生产工艺等人为活动特征的影响，其污水和污染物排海量的变化多数情况下并没有统一的规律。如市政直排口污水排放量较大的时间段出现在居民用水高峰期，而工业直排口污水排放量取决于工业生产过程的安排等。此外，一些设置有防潮闸的入海河流和排污口，因其闸口开关的不确定性增加了陆源入海污染源监测管控的难度[9]。为加强对入海排污口的监管，《海洋环境保护法》对入海排污口的位置选择和环评论证、污水排海方式、排污申报登记制度等按照海洋环境保护要求作出了详细规定，并规定对直接向海洋排放污染物的单位和个人征缴排污费。

三、沿岸非点源

非点源污染是指由于土地利用活动产生的溶解的或者固体的污染物（地面的各种污染物质，如城市垃圾、农村家畜粪便、农田中的化肥、农药、重金属及其他有毒或有机物），从非特定的地点随着降水产生的径流，进入受纳水体造成的污染[10]。非点源污染的严重性随着点源污染治理和控制能力的提高而逐渐表现出来，尤其是当点源污染控制水平达到一定程度后，非点源污染成为了水环境污染的主要原因[11]。

相对于点源污染来说，沿岸非点源污染受土地利用、气候、土壤等多种因素影响，具有时空范围大、不确定性突出、成分和产生的过程复杂等特点，其对近岸海域环境污染贡献率往往难以准确评估，因而防治起来十分困难[12]。我国目前尚缺乏针对非点源污染的治理手段，相关管理政策和控制措施未能形成完整体系。

四、大气沉降

大气污染物沉降入海的方式包括湿沉降和干沉降两种。湿沉降是指大气污染物通过降水的方式入海；干沉降是指大气污染物以气溶胶颗粒物携带的方式沉降入海。随着我国经济的高速发展，由人类活动排放的大气污染物已接近环境风险的极值，大气环境问题日益突出。研究表明，大气干、湿沉降可能是海洋中氮、磷、铁等营养物质以及重金属、有毒或有机物等陆源污染物质的重要来源，对近岸海域特别是表层海水中的污染物分布、富营养化以及重金属污染等都有较大的影响[13]。

相对于其他陆源入海污染源，海洋大气沉降的污染物来源范围更广，污染物输运机制更为复杂，污染防治的难度更大。开展对大气污染物沉降通量及其对海洋生态环境影响的监测和评价工作，对研究陆源污染物迁移机制及制定相关管控对策具有重要意义。

五、陆源入海污染源的管控策略

针对陆源入海污染源类型众多、排污规律复杂的特点，我国及其他国家均在探索和研究多种管控策略来控制陆源污染。经过多年的发展，国内外对陆源入海污染源的管控技术已形成"排海污染物浓度控制–排海污染物总量控制–排海污水生物毒性控制"相结合的技术体系。

浓度控制主要是建立在污染物排放标准的基础上，即依靠控制污染物的排放浓度来实施环境政策和环境管理。从国际上看，浓度控制是促进工业环保技术进步的基本动力，没有任何一项其他措施能够达到如此广泛、深刻的作用[14]。

总量控制则是对于以浓度控制为基础的环境政策的一次重大改进，是一项综合性的、系统的工程。总量控制以海洋的环境容量为基础，将区域定量管理和经济学的观点引入环境保护的总量考虑中，是环境政策向适应市场经济体制转变的重大行动[14]。

生物毒性风险控制是以生物指标直观地反映污染物对生态环境和人类健康的影响，是对浓度控制和总量控制的有效补充，成为近年来环境监测与管理的有力工具。

第二节　陆源排海污染物的浓度控制

浓度控制是一种以控制污染源向外部环境所排放污染物的浓度为核心的环境管理方法体系。浓度控制管理的主要对象是排污口等点源，通过制定排放标准来控制每个污染源排放口污水中主要污染物的浓度或小时排放量。这实际上是对污染源控制技术的具体要求，即根据当前的污染处理技术对工业行业制定排放限制准则，以达到减轻或防止环境污染的效果。浓度控制缺乏对排放时间的规定，因此不能对污染源的长期排放量进行控制，不可避免地带来浓度达标情况下长期、大量排污所导致的环境污染损害现象。

中国及世界多个国家将污染物排放标准建立在采用先进技术所能达到的水平上，以便排放标准发挥其防治污染和促进技术进步的作用。主要的制定依据可以分为以技术为依据和以水质要求为依据（表1.1）。污染物控制项目的选择则依据污染源特征来确定，如按照工业生产过程中产生污染物的种类设置污染物控制项目。

表 1.1　国外主要污染物排放标准制定依据

以技术为依据制定污染物排放标准	以水质为目标制定污染物排放标准
最佳实用控制技术标准（BPT） 最佳常规污染物控制技术标准（BCT） 最佳经济可行技术标准（BAT） 最佳示范技术标准（BDT）	控制危险物排入水体的相关指令 保护地下水免受特殊危险物质污染的相关指令 有关城镇污水厂废水处理的指令 与水环境标准体系相关的其他指令

我国从 20 世纪 70 年代初开始，主要对点源污染物排放实行浓度控制。浓度控制的核心是制定国家及地方环境污染物排放标准，以及不同行业污染物排放标准[14]。我国污染物浓度控制标准的提出是依据当前工业技术水平以及国家环境保护的政策、方针和规划来确定的。

在我国现行的污染控制标准规范体系中，与海洋污染防治相关的主要包括《污水综合排放标准》（GB 8978-1996）、《污水海洋处置工程污染控制标准》（GB 18486-2001）、《海洋石油勘探开发污染物排放浓度限值》（GB 4914-2008）、《中华人民共和国海洋倾废管理条例》、《海水养殖水排放要求》（SC/T 9103-2007）以及《船舶污染物排放标准》（GB 3552-83）等相关标准，如表 1.2 所示。这些海洋污染控制标准基本上涵盖了陆源排污、海上排污的各类主要入海污染源，对不同来源、不同类型的污染物进行分类、分级的浓度控制[15]。

表 1.2　我国海洋污染控制相关标准

标准/条例名称	标准规定内容	标准适用范围	在海洋污染防治中的应用
《污水综合排放标准》（GB 8978-1996）	分年限规定了 69 种水污染物的最高允许排放浓度和部分行业最高允许排水量；综合排放标准与行业排放标准不交叉执行	适用于现有单位水污染物的排放管理，以及建设项目的环境影响评价、建设项目环境保护设施设计、竣工验收及其投产后的排放管理	用于陆源入海排污口排污状况的评价；落实相关法律法规的依据
《污水海洋处置工程污染控制标准》（GB 18486-2001）	污水海洋处理工程主要水污染物排放浓度限值、初始稀释度、混合区范围及其他一般规定	适用于利用放流管和水下扩散器向海域或排放点含盐度大于 5% 的、年概率大于 10% 的河口水域排放污水（不包括温排水）的一切污水海洋处置工程	污水海洋处置领域环境评价与管理领域的标尺
《海洋石油勘探开发污染物排放浓度限值》（GB 4914-2008）	规定了海洋石油勘探开发产生的生产水、钻井液和钻屑中主要污染物的排放限制	适用于中华人民共和国管辖的一切海域从事海洋石油开发的一切企业事业单位、作业者（操作者）和个人	维持油气区周边海域良好的环境质量，满足对我国海洋石油勘探开发过程中污染物排海行为的管理需求
《船舶污染物排放标准》（GB 3552-83）	船舶含油污水最高容许排放浓度、船舶生活污水最高容许排放浓度及船舶垃圾排放规定	适用于中国籍船舶和进入中华人民共和国水域的外国船舶	防治船舶排放的污染物对水域的污染

标准/条例名称	标准规定内容	标准适用范围	在海洋污染防治中的应用
《中华人民共和国海洋倾废管理条例》	根据废弃物的毒性、有害物质含量和对海洋环境的影响分类，并对违法倾废行为的处罚标准和刑事责任的追究做了规定	适用于向中华人民共和国的内海、领海、大陆架和其他管辖海域倾倒、焚烧，或以倾倒为目的的装载及运送废弃物或其他物质的行为	在控制海洋倾废和保护海洋环境方面发挥重要作用
《海水养殖水排放要求》（SC/T 9103–2007）	海水养殖排放水分级与排放水域规定、要求、测定方法、结果判定、标准实施与监督	适用于海水养殖水排放的污染控制	控制海水养殖水污染方面发挥作用

除此之外，我国《海洋环境保护法》明确要求"国家和地方水污染物排放标准的制定，应当将国家和地方海洋环境质量标准作为重要依据之一"，并对禁止、严格限制和严格控制向海洋环境排放的水污染物种类作了详细的规定：禁止向海域排放的污染物包括油类、酸液、碱液、剧毒废液、放射性固体废物及高中水平放射性废水、工业废渣、城镇垃圾及其他废弃物等；严格限制含热废水、含低水平放射性物质的废水、含病原体的污水的排放；严格控制含有不易降解的有机物和重金属的废水的排放；对含病原体的医疗污水、生活污水和工业废水，含有机物和营养物质的工业废水、生活污水应经过处理后排放。

长期以来的实践表明，以污染物浓度达标排放为控制原则的环境保护政策并不能有效地控制近岸海域环境污染状况。浓度控制方法在一定程度上具有局限性：

（1）浓度控制忽视了污染源的排污行为在空间、时间和排放方式上的差异。规定的排放污染物的浓度没有与具体区域的水体稀释扩散自净能力相连接，没有很好地反映区域水环境保护要求。对于高稀释扩散自净能力的水域，由于没有合理利用其环境容量，是一种经济效益的浪费；而对于低稀释扩散自净能力的水域，即使排放的污染物达到了浓度控制标准，由于没有达到该水域环境质量标准要求，也会导致水域环境质量持续恶化。此外，不同生产规模的工业点源或具有不同人口总量的市政排污点源，统一的污染源排放标准不能实现污染治理投资的最优化。

（2）排放浓度达标和环境质量达标是两回事。浓度控制没有考虑到非点源污染情况，未充分考虑排污时间的影响，仅从排污浓度上的控制不能控制排污总量的增加。随着大量工业企业新建扩建，大量达到浓度标准的污染物聚集，加大了区域的水污染负荷，无法达到控制水域污染的要求。而且部分企业为达到浓度标准，不惜利用大量清水进行稀释，污染总量不但没有减少，反而造成水资源的浪费。

第三节　陆源排海污染物的总量控制

污染物总量控制又称污染物排放总量控制、污染负荷总量控制或污染物流失总量控制，是指在一定时间内综合经济、技术和社会等条件，采取通过向环境排放污染物的污染源规定污染物允许排放量形式，将一定空间范围内污染源产生的污染物量控制在环境质量容许限度内而实行的一种污染控制方法。目标区域的环境承载力、污染物的排放总量、排放污染物的地域和时间，是总量控制的三大基本要素。在海洋领域，海域污染物总量控制是一种资源管理的概念，是指在社会可接受的海洋功能区划和自然环境允许的干扰水平下，控制海域环境质量和合理利用海域的环境资源，有规划、有计划地调控区域内污染物总量的增量或削减量，以保护或恢复海域环境及协调海域使用的系统工程。

总量控制是一种科学的污染控制制度，不仅是将总量控制指标或削减指标简单地分配到污染源，而且是将区域定量管理和经济学的观点引入到环境保护的总量考虑中，相对于浓度控制而言，总量控制的优点非常突出：

（1）总量控制符合市场经济的实际，只管理到污染源（企业）的总排放量，企业可以自动选择成本低的削减污染的方式，管理方式具有针对性和灵活性。

（2）总量控制不仅考虑到污染物的排放浓度，也考虑到污染物载体的量，避免"稀释达标"现象。

（3）总量控制强化了法律手段，凡超过限定的排污指标排放的或不能达到限期治理要求的都要负法律责任。

（4）总量控制把整个控制单元作为一个系统加以保护，将污染源排污限额和水质保护目标直接联系起来，既可保证水环境保护目标的实现，又可充分利用水环境的纳污容量。

（5）总量控制使环境污染限期治理和达标排放、集中控制及"三同时"制度的实施更有的放矢，并为引入市场机制的环境政策如排污许可证和排污权交易提供了机会。

一、总量控制的类型

按环境质量目标的不同表达方式，总量控制策略可分为目标总量控制、容量总量控制、行业总量控制三种类型[16]。

1. 目标总量控制

目标总量控制是指在某个环境单元内，以在某时段内的环境目标作为控制污染物排放总量的限值。目标总量控制的"总量"是基于污染源排放的污染物不超过人为规定的管理上能达到的允许限额。这种控制方法的特点是目标明确，将污染源的控制与削减水平与人为规定的环境目标相联系，采用行政干预的办法，通过对控制区域内污染源治理水平所投入的代价及所产生的效益进行技术经济分析，可以确定污染负荷的适宜削减率，并将其分配到污染源。主要技术步骤为：控制区域容许排污量确定、总量控制方案技术与经济评价、排放口总量控制负荷指标确定。

我国目前实行的污染物总量控制主要是目标总量控制，虽然具有便于操作和分解落实等特点，但与容量总量控制相比，其科学依据不足的缺点非常明显。

2. 容量总量控制

容量总量控制是指在某个环境单元内，以达到其环境质量标准的要求为目标，对所有污染源所造成的排污总量或者对环境单元所容纳的污染物总量进行控制。容量总量控制的"总量"是基于受纳环境中的污染物不超过环境标准所允许的排放限额。这种控制方法的特点是把污染物控制管理目标与环境目标紧密联系在一起，从环境质量要求出发，用环境容量计算方法直接推算受纳环境的纳污总量，并将其分配到污染控制区各污染源。它适用于确定总量控制的最终目标，也可作为总量控制阶段性目标可达性分析的依据。主要技术步骤为：受纳水域容许纳污量的计算、控制区域允许排污量的确定、总量控制方案技术与经济评价以及污染源总量控制负荷指标分配。

3. 行业总量控制

行业总量控制是指从行业生产工艺着手，通过控制生产过程中资源、能源的投入和控制污染物的产生，使排放的污染物总量限制在管理目标所规定的限额之内。其"总量"是基于资源、能源的利用水平以及"少废"、"无废"工艺的发展水平。这种控制方法的特点是把污染控制与生产工艺的更新及资源、能源的利用紧密联系起来，通过行业总量控制逐步将污染物限制或封闭在生产过程之中。其主要技术步骤为：总量控制方案技术与经济评价、排放口总量控制负荷指标分配。

以上三种总量控制重点不同，但总量控制的核心是相同的，即控制总量负荷的分配（图1.1）。目标总量控制以排放限制为控制基点，从污染源可控性研究入手，进行总量控制负荷分配；容量总量控制以水质标准为控制基点，以污染源可控性、环境目标可达性两个方面进行总量控制负荷分配；行业总量控制以能源、资源合理利用为控制基点，从最佳生产工艺和实用处理技术两方面进行总量控制负荷分配。

二、总量控制制度的发展现状

沿海各国或地区对排污行为的管理对策，虽然采取的方式各有不同，但无一例外均是从削减污染物的入海量入手的，即实行排污总量控制制度。各国根据其经济发展水平、区域环境管理目标等特点，实施排污总量控制的办法也各有不同。

1. 美国和欧洲的总量控制制度

美国从1972年开始在全国范围内实行污染物排放许可证制度，即所谓的"泡泡政策"。1972年美国的《水污染控制法》制定"全国削减污染物排放量制度"，对各河段区实行"排污浓度限制"和"水质限制"两种管理方式。美国政府和各州的环境管理部门要根据《水污染控制法》对通航河湖水系的排污量规定限量和相应的最低削减量，重点针对工业排污大户。

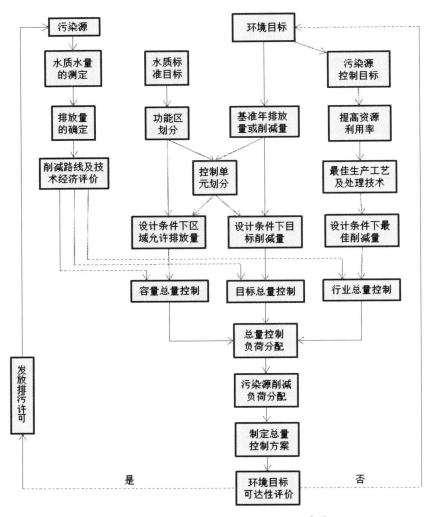

图 1.1　总量控制策略框架示意图[17]

　　1983 年，美国正式立法，实施以水质限制为基点的排放总量控制。为了确保在环境标准下充分利用水体的自净能力，美国一些州还采用了"季节总量控制"方法，它是为适应水体不同季节不同用途对水质不同的标准要求，允许排污量在一年内的不同季节有所变化[18]。此外，美国的部分州实施变量总量控制制度，根据实测的河流同化能力来调节允许排放的总量，而不再根据历史资料为界定条件而得出的固定不变的排污限量，使水环境容量得到更加充分地利用[19]。为了更有效地分配已经确定的污染负荷总量，美国一些州还推行在污染源之间进行污染负荷排污交易制度，包括"点源之间的交易"和"点源与非点源之间的交易"[20,21]。前者允许将部分分配给某个排污者的污染负荷转换给其他难以用比较经济的手段达到要求削减量的排污者，后者允许用非点源控制方法来替代点源的进一步控制，因为非点源控制的投资比工业点源和城市污水处理厂的投资少而有效得多。采用以上各种总量控制方法可大大减少污染控制的费用。自实施水污染排放总量控制制度以来，美国的水环境污染控制取得明显的成效。

美国的 TMDL 技术（Total maximum daily loads）是当前国际上较为先进的污染物总量控制技术。TMDL 技术是指在满足水质标准的条件下，水体能够接受某种污染物的最大日负荷量。TMDL 的目标是将可分配的污染负荷分配到各个污染源，包括点源、非点源，同时要考虑安全临界值和季节性的变化，从而采取适当的污染控制措施来保证目标水体的达标。

经过 20 多年的改进和发展，TMDL 计划在点源、非点源污染控制及污染物总量控制方面均取得了显著的成效，成为美国确保地表水达到水质标准的关键手段。以切萨皮克湾（Chesapeake Bay）的总量控制制度为例，美国在该湾建立综合性的排污总量控制制度，即采用流域模型（HSPF+NPS）进行入海污染源的时空归并，采用海湾三维水动力模型用于确定主要污染物的浓度控制目标，在此基础上提出悬浮物、粪大肠菌群等的每日最大允许排污负荷（TMDLs）。通过数十年实施一系列 TMDL 策略，美国实现了对切萨皮克湾水质状况、底栖生态状况等的明显改善。

20 世纪 80 年代，欧洲的波罗的海等，也通过排海污染物总量控制和综合治理措施，使得水域环境一定程度上得到恢复和改善。联邦德国和欧洲共同体各国采用水污染总量控制管理方法后，使 60% 以上排入莱茵河的工业废水和生活污水得到处理，莱茵河水质明显好转。也有采用模型的方法确定各排污口在给定水质标准下允许排放量。挪威污染控制局根据《污染控制法》收集工业点源数据，各个部门之间的协调则依靠正式的协议进行。

2. 日本的总量控制制度

日本早在 1971 年就开始对水质总量控制计划问题进行了研究，并于 1973 年制定的《濑户内海环境保护临时措施法》中，首次在废水排放管理中引用了总量控制，以 COD 指标限额颁发许可证[22]。1977 年，日本环境厅提出了"水质污染总量控制"方法，与此同时水质污染防治法规定的浓度标准继续使用[23]。1978 年水质总量控制作为水污染防治的一部分在国会通过，日本排水标准委员会提出总量控制标准的研究。1980 年日本制定总量控制标准，并在新建企业中执行。1984 年日本的水质污染总量控制制度在污染显著的广阔封闭性水域东京湾、伊势湾及濑户内海实行，并严禁无证排放污染物。由于采取了上述方法，日本的这三个海湾 80% 以上的污染大户受到控制，水环境状况得到改善[24-25]。

日本实施总量控制的主要方法是：抓住主要矛盾，抓试点，逐步展开。在污染源上，主要抓住少数污染大户；在污染物上，先抓 SOx，进行总量控制试点，继而又扩大到 NOx和 COD 等项目。日本在实施总量控制中，强化了监督管理。对排污单位的申报、测定地点、时间、方法等以及违法处理都做出了严格规定。此外，为对总量控制进行有效的管理，日本投入大量的人力、物力，研制出许多先进的检测仪器和计量装置，并培训出大批高质量的管理人员。日本能从 20 世纪 60 年代末的污染公害大国变为如今这样一个经济发达、环境优美的国家，污染物总量控制的实施起到了不可替代的作用。

以濑户内海为例，其污染物总量控制过程如图 1.2 所示。日本根据濑户内海海洋环境的历史背景值，分区确定了濑户内海的海洋环境质量目标，并根据海洋环境质量现状得到了超标率水平。在此基础上，对濑户内海的全部主要入海污染源进行调查与监测，根据各海域分区所受纳的污染物来源和水质超标率状况确定各海域分区的污染物削减指标，通过一系列的工程措施、管理措施和产业结构调整优化等，逐级实现削减指标；并根据濑户内海环境质量状况的变化情况，动态调整排污总量控制方案，如表1.3所示。

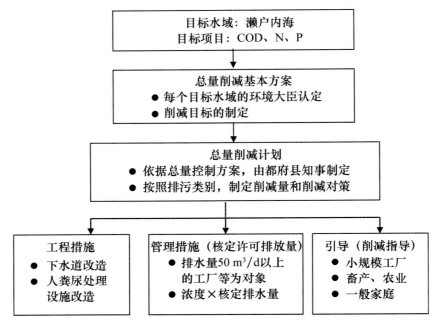

图 1.2　日本濑户内海污染物总量控制过程

表 1.3　濑户内海 COD 总量控制动态发展过程

时间	COD 总量控制对策
1973 年 10 月	濑户内海环境保护临时措施法颁布（制定工业排水 COD 削减目标，3 年内削减到 1972 年的 1/2）
1980 年 3 月	第一次 COD 总量控制（基准年度 1979 年，目标年度 1984 年）
1987 年 4 月	第二次 COD 总量控制（基准年度 1984 年，目标年度 1989 年）
1991 年 3 月	第三次 COD 总量控制（基准年度 1989 年，目标年度 1994 年）
1995 年 8 月	"关于第四次总量控制的基本设想"（中央环境审议会水质部总量控制专门委员会报告）
1996 年 9 月	第四次 COD 总量控制（基准年度 1994 年，目标年度 1999 年）
2000 年 2 月	"关于第五次总量控制的设想"（中央环境审议会答辩）
2002 年 7 月	第五次 COD、氮、磷总量控制（基准年度 1999 年，目标年度 2004 年）
2006 年 5 月	"关于第六次水质总量控制的设想"（中央环境审议会答辩）

3. 韩国的总量控制制度

韩国采取的也是 TMDL 排污总量控制模式。韩国对陆源污染源的管理首先是以切断陆地污染源为原则，以排放水或者排放水中含的污染物的总量为依据，控制陆地的废水排放行为。具体的管理体制有：

（1）排放浓度管制：以废水的排放许可标准或排放水水质标准为根据来管制排放的制度。韩国废水排放许可标准按排放量、水域的利用用途、周边污染源的影响等采用不同的适用方式。

（2）工业水质污染总量管制：韩国为了完善排放许可水质标准只考虑"浓度"的排放管制型管理的缺点，对于水质污染严重地区的企业适用更严格的排放许可标准，推进在相应水域的环境容量允许范围内排放污染负荷。

（3）水质污染总量管理制度：对于工业废水、生活污水等包含所有点源和非点源类型的区域性污染物排放总量管理制度。

（4）纳污水域选址限制：由政府主管部门指定特定地区内限制污染源选址。

4. 中国香港的总量控制制度

为防治水污染，香港制定并实施《水污染管制条例》。根据《水污染管制条例》中关于海岸水域的管理规定，不同水质管制区的海岸水域，其水质及用途各有不同，需要不同的流出物标准。因此条例把香港水域分为 10 个水质管制区，并各自有其严格水质指标。排放污染物到法定水质管制区的，必须向环保署申领牌照，否则违法。具体的操作办法包括：

（1）分区总量控制管理

香港将其沿岸水域分为若干个管理区，每一区域根据污水的排放量进行污染物排放浓度的控制管理，包括：吐露港及牛尾海、后海湾、维多利亚港、南区、大鹏湾、将军澳、西北部缓冲区、东部缓冲区及西部缓冲区等多个水质管制区。每个水质管制区根据污水排海量的大小，均设置了陆源污染物排放标准。

（2）禁排物质分区域管理

禁排污染物有：多氯联苯（PCBs）、多环芳烃（PAHs）、薰蒸剂、除害剂或毒剂、放射性物质、氯化烃、可燃或有毒溶剂、石油或焦油、碳化钙、废物而可能形成浮渣、沉积或变色者、污泥、可悬浮漂浮的物质或大于 10 mm 的固体。

禁止地区包括：泳滩的界线 100 m 范围内，包括河流、溪涧及雨水渠；海鱼养殖区或具特别科学研究价值的地点的向海界线 200 m 范围内和向陆地界线 100 m 范围内；任何避风塘；任何游艇停泊处；海水引入点 100 m 范围内。

5. 中国大陆的总量控制制度

我国水环境污染物总量控制研究始于 20 世纪 70 年代末，在松花江流域实行生化需氧量

（BOD）为指标的总量控制，逐步开始了环境污染物总量控制研究。上海于1985年实行了污染物排放总量控制制度。"七五"期间，长江、黄河、淮河部分河段和白洋淀、胶州湾等水域陆续开始实行总量控制规划，进行水环境功能区划和排污许可证发放的探索。国家环保局于1988年开始实施的以总量控制为核心的《水污染排放许可证管理暂行办法》和排放许可证试点工作，标志着我国进入总量控制的新阶段。1996年全国人大通过的《国民经济和社会发展"九五"计划和2010年远景目标纲要》中，将污染物排放总量控制作为环境保护的一项重大举措。

三、重点海域排污总量控制

《海洋环境保护法》第三条规定，"国家建立并实施重点海域排污总量控制制度，确定主要污染物排海总量控制指标，并对主要污染源分配排放控制数量"，并规定国家和地方根据海洋环境质量标准制定水污染物排放标准。

我国重点海域排污总量控制始于对近岸特定海域环境容量的科学研究。自20世纪80年代中期开始，我国科学家对近海海域的污染物自净能力和环境容量做了一些有益的研究，在水污染物的物理、生物、化学以及地球化学迁移转化过程对环境容量的影响等方面取得一些有价值的成果。

20世纪末以来，关于近岸海域环境容量及污染物总量控制方案设计等的研究项目也相继展开。国家海洋局于1995年启动了"大连湾、胶州湾陆源排污入海总量控制研究"项目，进行半封闭类型海湾排污入海总量控制模型研究。张存智等分析了大连湾各排污口的响应系数和分担率，计算了各点源的COD最大允许排放量、削减量和削减率[26]；王修林等对渤海主要化学污染物海洋环境容量进行研究[27]；陈力群等[28]、王悦[29]、郭良波等[30]、刘明[31]分别研究了渤海各海湾的环境容量及排污总量分配方案；李俊龙以水动力系统模型估算胶州湾环境容量，完成胶州湾污染物排海总量控制决策支持系统的整体框架和功能设计[32]；余兴光等对罗源湾开展了环境容量研究[33]；陈慧敏提出乐清湾水污染总量控制分配方法[34]；黄秀清等对象山港开展了环境容量及污染物总量控制研究[35]。这些研究多以封闭、半封闭海湾为对象，所采用的水动力和水质数值模拟技术也从箱式模型发展到三维水质模型，但所提出的陆源排污总量控制与分配方案也仅涉及各类污染源的入海口。

近年来，相关研究项目进一步深化了陆海统筹的思路，把特定海域允许排污总量逐级分配到流域范围内的陆源排污控制管理单元。崔正国[36]将黄河、海河、滦河和辽河下游对河流水质影响较大的城市分别归到相应河流入海口所在城市，并依据多目标非线性规划原理研究了环渤海13个城市的COD与DIN的总量控制方案。赵喜喜[37]基于三维水动力-生物地球化学过程耦合数值模型，考虑生化降解过程，采用排海通量最优化法计算了复州河、大辽河等环渤海11条河流的COD流域分配容量。乔旭东[38]从排污管理区的角度将汇水区、集污区和直排海企业三者进行了综合考虑，并以镇（或街道办）作为最小行政区对青岛市进行了排污管理区划分。

总体上，目前主要有三种类型的研究和应用工作成果，一类作为科技项目立项，开展了系列技术研发工作，但这些科研项目所研究的海域都比较分散，对全国近岸重点海域的覆盖度不足，所获取的研究成果需要进一步比较分析和验证，才能作为支撑管理的技术依据；一类是海洋环保部门开展的研究和应用工作，目前主要在渤海开展了有关入海污染物总量、重点海域环境容量等的监测评估工作，并与环保部门合作在九龙江流域－厦门湾海域开展了陆源排污总量控制的关键技术研发和试点应用工作，总体仍处于技术研发和试点阶段；还有一类是地方政府主导的重点海域排污总量控制支撑技术研发和应用工作，主要是福建、浙江、山东等在所辖重点海湾开展了大量工作，并积累了一定的支撑技术和成功经验。但从全国的角度来看，海洋部门在近岸海域实施排污总量控制制度目前还面临一些问题：

（1）水环境功能区划与行政划分难以统一，为总量控制的实施和管理带来困难；特别是对于近岸海域，由于入海流域排污的复杂性和海水体系的联通性，特定海域的总量控制往往都涉及复杂的跨行政区域协调问题。

（2）科学研究与管理结合效率低，许多学者只关注到海域的自然属性却忽略了社会属性，基于环境容量提出的总量控制方案虽具理论价值却缺乏可执行性。

（3）缺少对海域总量控制系统全面、详细的立法，影响了总量控制的可操作性。

第四节　陆源排海污水的生态和生物毒性风险控制

浓度控制和总量控制都是基于对水体中污染物含量的化学测定结果而实施的。这种传统的理化分析方法可定量分析污染物中主要成分的含量，但不能直接、全面地反映各种有毒物质对环境的综合影响，特别是对于组分复杂、富含重金属和有机物等有毒有害污染物污水的评价和管理还存在诸多缺陷和不足，不能给出这些污染物尤其是复合污染物对生物的毒性、危害性和危害程度等信息。

生物毒性测试作为环境监测与管理的一种有效手段，可通过生物指标更直观地反映污染物对生态环境和人类健康的影响，具有广阔的应用前景。近年来，美国、加拿大、欧盟和日本等国家和地区均相继出台了基于生物毒性的污水和水质的评估策略和相关标准，并将生物毒性指标作为重要指标纳入水质安全评价体系和业务管理中，为点源有毒有害污染物的排放削减及受纳生态环境的改善提供有力保障。

一、生物毒性测试技术发展及其标准化

应用个体生物对污水或化合物的毒性进行评价在研究领域已经非常成熟，评价结果为诸多环境政策的制定与实施提供了重要依据。当前最为常用也是最为成熟的方法主要是以受试生物的毒性实验为主，即将一种或多种受试生物暴露于环境样品或有毒污染物中，以观察生物的各种毒性响应效应（死亡、活动/生长抑制、畸变等），以此反映环境样品或有毒污染物特定的毒性作用，并进一步实现对污染物或环境的生物毒性进行科学、快速、早期的预测预警。

表 1.4 给出了目前适宜污水生物毒性的测试技术及各项技术列入国内外标准、指南等的状况。美国、德国和国际标准化组织（ISO）、经济合作与发展组织（OECD）等国家和组织已建立了大量的污水生物毒性测试技术标准和指南，而我国生物毒性测试技术标准和指南则仍以急性毒性为主，且将其纳入常规的污水排放监控中也刚刚起步。从毒性测试的受试生物类别看，鱼类毒性测试法和蚤类毒性测试法因其方法较为成熟、受试生物类别在水生生态系统中占据重要地位，被较多国家和组织列入标准和指南。

表 1.4　生物毒性测试技术列入国内外标准、指南情况[39]

毒性指标	生物毒性测试技术	ISO	OECD	中国	美国	日本	德国	英国
急性毒性	藻类生长抑制试验	■	□	□	■	■	■	■
	蚤类运动抑制/致死试验	■	□	■	■	■	■	■
	鱼类急性毒性试验	■	□	■	■	■	■	■
	发光细菌急性毒性试验	■	*	■	■	*	■	■
慢性毒性	蚤类慢性毒性（生命周期评价）试验	■	□	*	■	*	*	*
	鱼类慢性毒性试验	■	□	*	■	*	■	*
遗传毒性	细菌回复突变试验	■	□	■	■	■	■	□
	SOS/umu 遗传毒性试验	■	□	□	*	■	■	*
	微核试验/彗星试验	■	□	□	■	*	■	■
内分泌干扰	双杂交酵母法	*	*	*	*	*	*	*
	鱼类内分泌干扰试验	*	*	*	□	*	*	*

■ 表示列入标准；□ 表示列入指导手册；* 表示尚未列入标准或指南。

　　我国环保部在淡水领域的生物毒性监测相对而言起步较早，目前已经形成淡水样品的发光细菌、藻类、大型蚤和鱼类的监测方法，并形成了相应的国家标准和行业标准，在污染物排放和化合物毒性评价及饮用水健康评价领域发挥了巨大作用。可见应用生物毒性对污水实施监测与评价已日益受到重视。

二、生物毒性控制标准

　　美国、加拿大、德国等发达国家早在 20 世纪七八十年代就制定了污水生物毒性控制标准。我国自 2008 年对制药行业、农药行业、钢铁行业等污水实施了毒性控制管理，而北京、上海、广东、江苏、浙江、河北和辽宁正修订的地方污水排放标准中也考虑将毒性控制指标纳入评价体系。

　　不同国家不同行业污水毒性控制指标及限值均存在较大差别。德国、美国、加拿大和我国污水排放标准的生物毒性指标限值见表 1.5 和表 1.6。在德国，化学工业污水对鱼卵、大型蚤、藻类和发光细菌的最低无效应稀释浓度需分别小于 2、8、16 和 32。经 SOS/umu 遗传毒性测试的致突变潜能需低于 1.5。在纸浆、皮革、纺织、焦化和钢铁等行业，则仅要求控制污水对鱼卵毒性，其鱼卵最低无效应稀释浓度限值控制范围为 2~6。美国 EPA 推荐急性毒性最大浓度基准值为 0.3 TUa（TUa 为急性毒性单位，即 $100/LC_{50}$），慢性毒性持续控制浓度基准值为 1 TUc（TUc 为慢性毒性单位，即 $100/NOEC$）。

表 1.5 德国污水排放毒性标准和限值（最低无效应稀释浓度）[40]

行业	对鱼卵非急性毒性	对大型蚤急性毒性	对藻类急性毒性	对发光细菌急性毒性	致突变潜能
造纸	2				
化工	2	8	16	32	1.5
电厂冷却水	2	4		4	
皮革	2				
纺织	2				
煤焦化	2				
废物处置	2	4		4	
钢铁	2~6				
金属加工	2~6				
印刷和出版	4				
橡胶	2			12	

我国环保部在 2008 年新颁布的多项工业污染物排放标准，如《生物工程类制药工业水污染物排放标准（GB 21907-2008）》和《化学合成类工业水污染物排放标准（GB 21904-2008）》中均将发光细菌的毒性测试作为必测的排放限值。但目前尚无针对我国海洋水生生物特征的排海污水毒性指标和毒性控制限值。

可见，随着陆源排污监管力度的加大，有毒有害污染物的生物毒性评价和控制将逐渐成为我国陆源排海监管工作的重要内容。因此，建立基于生物毒性控制的陆源排海监管体系对有效控制陆源污水排海、改善和保障近岸海洋环境质量安全具有重要意义。

表 1.6 中、加、美三国污水排放毒性标准和限值

行业	中国	加拿大	美国
制药行业	0.07 mg/L[1]		急性毒性最大浓度基准：0.3TU$_a$[4]
金属加工	0.07 mg/L[1]	50%[2]	
造纸和制浆		50%[2]	
其他	50%[3]		慢性毒性持续控制浓度基准：1TU$_c$[4]

说明：1）中国制药废水和金属等行业毒性指标采用发光细菌法测试，结果以 $HgCl_2$ 毒性当量浓度表示；2）加拿大毒性指标采用虹鳟鱼急性毒性测试，结果以导致受试生物半数死亡时的水样稀释率（%）表示；3）上海和北京等地方污水排放标准中毒性指标采用斑马鱼急性毒性测试，结果以未经稀释的污水样品导致受试生物 96 h 半数死亡率低于 50% 表示；4）急性、慢性毒性试验均需不少于 3 个种，TUa 为急性毒性单位，为导致受试生物半数死亡时的水样稀释率，%；TUc 为慢性毒性单位，为未导致受试生物发生效应时的水样稀释率，%。

渤海陆源入海污染源综合管控研究
BOHAI LUYUAN RUHAI WURANYUAN ZONGHE GUANKONG YANJIU

表 1.7 各国开展生物毒性监测现状对比情况[41]

项目	美国	加拿大	比利时	丹麦	法国	德国	挪威	北爱尔兰	瑞典	英国	澳大利亚	新西兰
法律法规依据	清洁水法	渔业保护法、工业点源控制法等	欧盟水框架协议	欧盟水框架协议	欧盟水框架协议;工业排污法令	欧盟水框架协议;废水排放和消减法;河流排污的早期预警评估等	欧盟水框架协议	欧盟水框架协议;环境保护法	工业排污法令;水框架协议等	欧盟综合污染保护和控制法令	水环境保护法	工业排污法令及水环境保护法
管理需求	点源控制,受纳水体水质评价	点源控制、工业排污区环境质量评价	点源控制;污水评价;受纳水体评价	点源控制;污水评价;受纳水体评价	点源控制;污水评价;受纳水体评价	点源控制;污水评价;受纳水体评价	点源控制;受纳水体评价。	点源控制	污染源排放评价和表层水体水质量评价	点源控制;污水评价;受纳水体评价	点源控制;污水评价;受纳水体评价	点源控制;污水评价;受纳水体评价
受试生物	藻类、无脊椎动物和鱼类	藻类、大型植物、无脊椎动物和鱼类	藻类、无脊椎动物和细菌	藻类、无脊椎动物、细菌、生物植物、生物富集、降解、持久性试验等	鱼类、无脊椎动物、细菌和藻类	鱼类、无脊椎动物、细菌和藻类及植物	鱼类、无脊椎动物、藻类或植物,生物降解	鱼类、无脊椎、细菌和藻类或植物	鱼类、无脊椎动物、细菌和藻类或植物	鱼类、无脊椎动物、细菌和藻类或植物	藻类、无脊椎动物和鱼类;生物标志集和生物志态	藻类、无脊椎动物和鱼类;生物富集
测试终点	急慢性毒性	急慢性毒性	急慢性毒性	急慢性毒性;生物富集	急慢性毒性;三致效应等	急慢性毒性;三致效应;基因毒性;生物降解	急慢性毒性	急慢性毒性	急慢性毒性	急慢性毒性;三致效应;生物标志物;生物降解和生物富集	急慢性毒性;三致效应;生物标志物;生物降解和生物富集	急性、亚致死和慢性
业务化程度	废水、沉积物、污泥和疏浚物的业务化监测评价	工业排污的业务化评价和排放许可的发放	排污生物监测,但未强制成业务化	未业务化	业务化监测	业务化监测	工业排污的业务化评价和排放许可的发放	业务化评价和监测污水排放	大型工业排污监测评价	未全面实施,但个别地区已业务化评价	业务化评价水质	业务化评价水质

三、生物毒性测试技术在排海污水管理中的应用

利用生物毒性测试技术对点源排放污水实施环境风险评估及管理，在国外已得到广泛应用。表1.7给出了各国开展污水生物毒性监测与评价所依据的法律法规、管理需求、所采用的受试生物、测试终点及业务化程度等信息。

US EPA 于1984年就开始对河流、工业污水和城市综合污水开展生物毒性监测及其排放口周边水环境的毒性监测和生物群落结构变化的研究，结果表明，毒性监测能预测污水对水环境的影响，相关方法适用于排海污水的管理。英国于1996年开始实施全污水毒性法以控制组分复杂污水的入海排放，环境署根据敏感的水生生物毒性试验结果作为污水的排放许可限，并确定是否对此污水要求实现毒性削减。同时，英国还提出了以全污水毒性法控制污水排放和风险管理的技术路线。欧洲其他国家如法国、德国、意大利和瑞典也已采用污水毒性法控制工业污水和城市综合污水的入海排放。

我国海洋部门多年来一直非常重视陆源排海污水的生物毒性监测与评价工作。特别是自2007年以来，国家海洋局采取先试点再全面铺开的模式，逐步在全国沿海省市区开展陆源入海重点排污口污水综合生物毒性效应监测与评价示范性工作。2007年，国家海洋局率先在全国范围内对40个典型陆源入海重点排污口污水进行了以发光细菌为受试生物的毒性效应监测与评价工作，结果显示40个监测排污口中34个排污口污水对发光细菌具有显著的毒性效应。在此基础上，2008年实施监测的重点陆源入海排污口增至94个，遍布沿海各省市区；受试生物也由单一的发光细菌增加了鱼类和甲壳类，结果显示78%的排污口对不同营养级生物均产生了一定的危害，毒性效应较为明显的排污口类型为工业和混合排污口。鉴于当前污水中成分复杂，短期效应监测难以反映其长期对海洋生态系统的影响，在2009年的综合生物效应监测工作中，除2008年监测内容外，又增加了污水的慢性毒性效应监测，目的在于通过入海污水对海洋生物的短期和长期毒性效应预测和评价其对海洋生态系统的影响。

经过近4年多的不断发展和完善，国家海洋局在生物毒性效应监测与评价工作上取得了长足的进展。在受试生物方面，已由单一物种转向多物种多营养级水平上的监测与评价；在监测排污口数量上，已由环渤海地区逐步扩展到全国重点陆源入海排污口；在评价方法上，由单一物种评价，转向基于不同营养级多种生物的综合评价等。但在监测技术、评价方法和实际应用推广方面还存在诸多不足及亟需解决的问题与难题，主要体现在以下几个方面：

（1）排海污水和海洋环境样品的生物毒性监测与评价方法标准化程度严重不足。当前已建立的基于发光细菌、甲壳类和鱼类的陆源入海排污口污水短期毒性效应监测与评价方法，经过近几年的应用与示范，基本已经成熟，但监测与评价方法的标准化进程还有待加强和加快，亟需在编制各项排海污水生物毒性监测方法与技术文件的同时，建立同行评议和专家评审制度，推动方法体系的示范应用和验证。

（2）对排海污水和海洋环境样品长期生物毒性效应监测与评价方法的技术储备不足。陆源入海排污的污染物极其复杂，部分污水中含有大量低浓度的持久性有毒有害污染物，由于该类污染物环境浓度相对较低，其短期急性毒性效应相对不明显，但其多具有长期的内分泌干扰、致畸性、致癌性和致突变等毒性特征，其长期环境效应与毒性风险需引起高度重视。而目前我们所建立的监测方法尚不能有效的对其长期环境效应与毒性风险进行评价。

（3）进一步优化具有推广应用潜力的受试生物。特别是鱼类作为高级消费者在海洋生态系统食物链中占有关键位置，需进一步深化海水鱼类作为受试生物的实验室长期培养和标准化测试方法的研发与应用。

第二章 环渤海区域概况

第一节 自然资源环境概况

一、自然地理

1. 陆地环境

如果将环渤海地区主要入海河流水系所覆盖的陆域均纳入泛环渤海经济圈的范围，环渤海地区可包括京、津、冀、辽、鲁、晋和内蒙古的中部地区，面积约 $127.8×10^4$ km^2，占全国的 13.3%，人口约 2.6 亿，占全国的 21%，而其辐射的腹地更为广阔，涵盖华北、东北、西北，人口约 6.5 亿，占全国的 50%。

本项研究所定义的环渤海区域即"环渤海经济圈"区域，主要包括北京市、天津市、河北省、辽宁省和山东省三省两市，土地面积约占 $52×10^4$ km^2，占全国土地面积的 5.4%。其中，环渤海沿海共有 13 个地市，包括天津市滨海新区；河北省秦皇岛市、唐山市和沧州市；辽宁省大连市、营口市、盘锦市、锦州市和葫芦岛市；山东省东营市、潍坊市、滨州市和烟台市。

环渤海地区地形以山地和平原为主，北部为辽河平原，面积广大，中部绵延至西部为燕山山脉和太行山脉，南部为华北平原，地势坦荡，山东半岛则分布有少量的丘陵。依据上述对环渤海区域的划分情况，环渤海区域不同地区自然地理特征如下：

北京的西部、北部和东北部，群山环绕，东南部是缓缓向渤海倾斜的大平原。北京平原的海拔高度在 20~60 m，山地一般海拔 1 000~1 500 m。

天津市在地貌上处于燕山山地向滨海平原的过渡地带，北部山区属燕山山地，南部平原属华北平原的一部分，东南部濒临渤海湾。总的地势北高南低，由北部山地向东南部滨海平原逐级下降，最高峰为蓟县九顶山，海拔 1 078.5 m，最低处为滨海带大沽口，海拔高程为零。山地丘陵区面积 727 km^2，占全市面积的 6.0%；平原区面积 11 192.7 km^2，约占全市总面积的 93%。

河北省全省地势由西北向东南倾斜，西北部为山区、丘陵和高原，其间分布有盆地和谷地，中部和东南部为广阔的平原。其中坝上高原平均海拔 1 200~1 500 m，占全省总面积的 8.5%；燕山和太行山地，其中包括丘陵和盆地，海拔多在 2 000 m 以下，占全省总面积的 48.1%；河北平原是华北大平原的一部分，海拔多在 50 m 以下，占全省总面积的 43.4%。

山东省地形中部突起，为鲁中南山地丘陵区；东部半岛大都是起伏和缓的波状丘陵区；西部、北部是黄河冲积而成的鲁西北平原区，是华北大平原的一部分。境内山地约占陆地总面积的15.5%，丘陵占13.2%，洼地占4.1%，湖沼占4.4%，平原占55%，其他占7.8%。

　　辽宁省地势大体为北高南低，从陆地向海洋倾斜；山地丘陵分列于东西两侧，向中部平原倾斜。东部的山地丘陵区，面积约$6.7×10^4$ km²，占全省面积的46%。西部山地丘陵区面积约为$4.2×10^4$ km²，占全省面积29%。中部平原由辽河及其30余条支流冲积而成，面积为$3.7×10^4$ km²，占全省面积的25%。

2. 海洋环境

　　渤海是深入我国大陆的近封闭型浅海区，地处中国大陆东部的最北端，东经117°32′—122°10′，北纬37°07′—41°00′的区域。渤海东面与黄海相通，以辽东半岛的老铁山角和山东半岛的蓬莱角连线为界，为辽宁省、河北省、天津市和山东省所环绕。

　　渤海东北西南向长约555 km，东西向宽约346 km，渤海海峡宽约106 km，海域面积约$7.7×10^4$ km²。渤海陆地岸线约3 020 km，其中辽宁省约1 235 km，河北省约487 km，天津市约133 km，山东省约1 165 km。渤海平均水深约18 m，最大深度约86 m。整个渤海由北面的辽东湾，西面的渤海湾，南面的莱州湾，中部的中央盆地和东面的渤海海峡五部分水域组成。辽东湾水域面积约$1.8×10^4$ km²，平均水深22 m，最大深度32 m。渤海湾面积约$1.25×10^4$ km²，平均水深20 m，洼地水深26 m。莱州湾面积约$0.74×10^4$ km²，水深较浅，平均深度约13 m。中央盆地为渤海的主体部分，一般水深20~25 m，最大水深30 m。渤海海峡为渤海与黄海的交界水域，庙岛列岛南北纵列于海峡中、南部，把渤海海峡分成12条水道，各水道宽度和深度不一，大体北宽南窄，南浅北深，其中北部的老铁山水道为最宽最深的水道，最大深度86 m。

3. 海岸类型

　　渤海海岸类型可大体归纳为两类：其一为基岩型（又可分为侵蚀基岩型和堆积基岩型），其二为淤积型。前者主要分布于山东半岛北部沿岸区、辽东湾东西两侧的海岸地区；后者主要分布于莱州湾西侧与渤海湾下辽河平原一带。同时还包括一些特殊的海岸类型，如河口三角洲海岸，主要分布于黄河口及滦河口。

　　（1）基岩型

　　①基岩港湾岸：渤海的基岩港湾岸主要分布于辽东半岛南部，此外，在山东半岛北部，辽东湾的东西两侧都有零星分布。这种海岸的主要特征为：岸线曲折、海湾多样，海蚀地貌十分发育，如海蚀崖、海蚀洞、海蚀柱、海岬、浪蚀台地、礁石岛、礁滩等；海积地貌不甚发育，在湾顶可见有砾石滩、沙滩。在岩性松软或易风化的基岩地区，海蚀地貌较为发育，常见砂堤、砂坝、陆连岛发育。

辽东半岛南端、金州湾以南的大连地区基岩港湾岸最为典型，当地主要岩性为：石英岩、长石砂岩和厚层泥灰岩等。由于岩性坚硬，抗蚀性强，而有利于各种海蚀地貌的形成与保存，是我国北方海蚀地貌最为发育的典型地区之一。

②港湾溺谷岸：主要分布于辽东半岛复洲湾一带，其特征如下：

该处的岩性以寒武系与奥陶系的灰岩、板岩、页岩和白云岩为主，抗风化性强。海蚀穴、海蚀柱、海蚀洞、浪蚀台地、海蚀崖等海蚀景观比比皆是，它们是海水与基岩相互作用的产物，也是海陆相互作用、相互影响的明证。

③基岩岸：主要分布于山东蓬莱及庙岛列岛的岛岸一带，新生代玄武岩组成的海蚀崖直抵岸边，其下发育的浪蚀台地，宽达数十米，沟蚀地貌较为发育。海蚀崖高依玄武岩层的厚度而定，有时崖高可达数十米。陡崖之下有时发育有磨圆度较高的砾石滩。渤海地区的基岩型海岸主要发育在辽东半岛南部和山东半岛北部，以及渤海海峡的一些岛屿附近，这些地方的海岸景观与渤海其他地区的海岸景观有着明显的不同。

④冲洪积沙泥质平直岸：其代表地点为辽东半岛盖州至熊岳之间的海岸地段。此类海岸的特点为：在基岩型海岸的外侧，由于当地冲洪积物较为发育，在岸边往往出现狭窄堆积地貌，形成了冲洪积-基岩混合型海岸地貌，那里的岩性为前震旦系石英砂岩和花岗岩，该类岩石易于风化，在外营力作用下，山坡后退，高度显著降低，山体缩小而变为残丘。海岬明显后退，构成新的海蚀崖，崖下堆积有倒落的巨砾与砾石，随着海岬的迅速后退，浪蚀平台十分发育，湾内形成砂砾质沉积，或砂质沉积，使岸线日趋平直。

⑤剥蚀冲积砂质平直岸：此类海岸在渤海地区主要分布于辽西至河北秦皇岛段。此段海岸分布着十余条大小不等、流量不均的季节性河流，每年当汛期来临时，大量输沙注入岸边，在水动力的作用下，逐渐地变成滨海堆积平原。由于陆上物质来源的分段性（不同地段上的河流注入的结果），使得滨海平原具有不连续性，从而成为各自独立的海岸地貌堆积体。它们的规模也大小不一，一般只有 2~10 km 宽，而在绥中附近，可宽达 20 km。

⑥滨海沙堤岸：此类海岸在渤海地区主要分布于莱州湾东岸莱州市虎头崖至龙口市滦家口一带。岩石经长期的风化、剥蚀，经河流搬运而被带到岸边，再经当地潮汐、波浪等水动力要素的改造，成为典型的海积地貌。

（2）淤积型

①淤泥质湿地平原岸：主要分布于辽东湾顶部葫芦岛至盖州段。为辽河、大辽河、大凌河、小凌河等河冲积平原及三角洲淤长形成的海岸。辽东、辽西的一些河流，如辽河、浑河、太子河、大小凌河等都汇入下辽河平原，经辽河口、大辽河口入海。从而形成规模不等、厚度相异的河口三角洲，并形成了辽河冲积海积三角洲平原。其地势微向海倾斜，坡度极平缓。由于平原比海平面还低，河道无力下切，使河道迂回曲折，纵横交错，河网密集。潮区界位于河口以上 20 余千米，形成大片沼泽湿地，芦苇丛生，潟湖多处可见。在河道两侧可见冲积河漫滩及阶地，并遗留下多道古河道或断续分布的湖泊洼地。

海（岸）滩西部较宽广，东部窄小，多为 2~4 km。大凌河水下三角洲淤长的结果使海滩扩大，河水渲泄不畅，特别是潮水顶托上涨，促使形成大片沼泽湿地。海岸淤长速度平均每年约为两米左右。而由于海岸淤长的结果，使 200 年前的辽河口牛庄，现已远离河口。辽河入海泥沙除沉积于河口形成延伸 8~10 km 的水下三角洲外，余砂以悬移质形式，沿辽东湾东侧向西南流动，汇合沿岸小河入海泥沙形成一股泥沙流指向辽东湾口。

②淤泥质平原岸：该类型岸段主要分布于北起南堡，经渤海湾，绕过黄河三角洲达莱州湾顶虎头崖以西的地区。是渤海的主要海岸类型，也是我国典型的淤泥质海岸岸段。其特征是海岸平原极平坦宽阔，上有贝壳堤及沙堤、潟湖和沼泽湿地，海滩极其宽广，坡度平缓。组成物质以淤泥、粉砂为主，承压力极低，通行困难。由于地表极为平坦，河道摆动较大，特别是黄河、海河及其他小河携带大量泥沙下泄，海岸淤长，形成冲积平原。入海泥沙随近海流系搬运在海滩部分沉积，形成地形平缓、地貌形态单调的广阔淤泥滩。

（3）三角洲岸

①滦河三角洲：分布于秦皇岛七里海至柏格庄大清河口一带，组成一个冲积平原与三角洲的复合沉积体。其上部为冲积扇与冲积平原，下部为三角洲。

滦河年最大悬移质输沙量达 8790×10^4 t，年内输沙不均，6—8 月输沙占全年总量的 63.5% 以上，以中细沙为主，其他组分较少。由于滦河不仅多沙，而且入海沙体颗粒较粗，因而形成一系列远沙坝沉积。河口改道后，沙坝被切割分离，形成今日的离岸沙坝与沙岛，如曹妃甸、石臼坨等。

②黄河三角洲：黄河是我国居于首位的多沙河流。途经黄土高原下泄的黄河，每年向河口大量输沙促使三角洲及邻近海岸的淤长。

黄河多沙，但粒度较细，因而沙质堆积体不发育，只在河床两侧可见天然堤。尾闾摆动后留下十数条高起的古河道，都由河床质粉砂所组成。而现河口段则分布一片分流叉道与漫流滩地，地势平坦、浅滩宽阔达十余千米，坡度平缓。主流叉道均以粉砂沉积为主，两侧烂泥湾以淤泥为主，呈浮泥状游动。

二、海洋资源

渤海矿物资源丰富，是我国第二大产油区，全区共有油气区 64 个。1999 年在渤海南部海域发现的蓬莱 19-3 油田是我国继大庆油田之后的又一大油田，石油地质储量超过 6×10^8 t。2007 年，中国石油天然气集团公司宣布，在渤海湾滩海地区，河北省唐山市曹妃甸附近发现储量规模达 10×10^8 t 的冀东南堡油田。其他矿产资源主要有金、金刚石、铁、煤、菱铁矿、滨海矿砂、滑石等，全区有 23 个固体矿产区，其中金的储量达 358 t 以上。渤海沿岸共有 16 个盐田区，盐场面积约 1600 km²，是我国最大的盐业生产基地。

渤海有生物 600 余种，其中浮游植物 120 余种，年初级生产力 112 mg/m²，浮游动物

100 多种，潮间带底栖植物 100 多种，潮间带底栖动物 140 多种，浅海底栖动物 200 多种，游泳动物 120 多种，鱼类有 5 科 27 种；拥有对虾、海参、鲍鱼等海珍品。渤海沿岸河流众多，入海河流携带大量泥沙在湾顶形成宽广、低平的辽河口三角洲湿地、黄河口三角洲湿地和海河口三角洲湿地。河口区水浅盐度较低，春、夏水温高，河流和湿地不断提供丰富的营养物质，饵料生物繁茂。河口浅水区已成为主要洄游性经济鱼、虾、蟹类的产卵场、育幼场和索饵场。而渤海中部为一向东倾斜的盆地，这一海区既是黄、渤海经济鱼、虾、蟹类洄游的集散地，又是渤海地方性鱼、虾、蟹类的越冬场。

三、气象水文状况

1. 气候气象

环渤海地区受东亚北部大陆气团和太平洋海洋气团的共同影响，形成了独特的气候特征。受东亚大陆气团控制，环渤海地区冬季表现为大陆性气候特点，干旱少雨、风大且频繁、盛行西北风；夏、秋季在西太平洋海洋气团控制下，盛行东南风，形成温高湿重、多雨少风的东南季风气候特征。

冬半年多偏西北大风，平均风速为 6~7 m/s，常有冷空气或寒潮南下，风力可达 9 级以上，是冬半年的主要灾害天气。夏半年，盛行偏南风，平均风速 4~6 m/s，遇有台风北上时，渤海上空风力可达 10 级以上，是夏半年主要灾害天气。此外，在渤海中、西部还常有 8 级以上的阵风，其出现日数平均每年 80 天左右，海峡中可达 110 天。由于受大气环流、地理位置的影响和海陆分布的影响，各海湾的风向频率分布差异较大，辽东湾地区全年以 NNE-NNW 向风为主，频率为 30% 左右，其次为 SSE-SSW 风向，频率为 20%~30%；渤海湾和莱州湾，以 S-WSW 风向为主，频率为 30% 以上，其次为 NNE-NNW 风向，频率为 20% 左右。

渤海气温 1 月份最低，平均为 -4~0℃，最高气温出现在 7 月，平均为 25℃。年降水量为 500~1000 mm，雨季出现在 6~9 月份，降水量可占全年的 50%，甚至多达 70%，冬季仅占 3%~8%，春季占 11%~12%，秋季占 10% 以下。渤海地区年太阳辐射总量在 5200 MJ/m²以上，5 月份太阳辐射量最多，占全年的 12.2%，其次为 6 月，占 11.6%，12 月最少，占 4.4%。渤海的蒸发量为 1700~2280 mm，蒸发量的季节变化明显，4~6 月份蒸发量占全年的 34%~50%，尤以 5 月份最大。

环渤海地区气候特征以温带大陆性气候为主，温暖干燥，降雨偏少，主要集中在四月份到 9 月份，但由于环渤海陆地幅员辽阔，还具有一定的区域气候特征。

2. 流域水系

环渤海地区主要入海河流约 55 条，分布在海河、黄河、辽河三大流域 7 个水系，主要包括海河流域、黄河流域、辽河流域、辽东半岛诸河水系、辽西沿海诸河水系、滦河及冀东沿海诸河水系和山东半岛诸河水系。其中，辽东半岛诸河水系、辽西沿海诸河水系、滦河及冀东沿海诸河水系和山东半岛诸河水系为省内或基本上是省内水系，辽河水系、海河水系、黄河水系为跨省水系。

3. 海域水文动力状况

渤海的余流很弱，表层一般在 3~15 cm/s 之间，仅为渤海潮流的 1/10 左右，同时又由于风和地形的影响，造成渤海的环流弱而不稳定。作为典型的半封闭海，渤海水交换能力整体较差，海水的自净能力非常有限，各个区域的半交换时间为 0.5~3.5 年。分区域来看：渤海海峡与黄海相通，水交换能力较好；莱州湾及渤海中部离湾口较近，水交换能力次之；渤海湾水交换能力较差；辽东湾水交换能力较差，辽东湾顶部海域自净能力极差。

第二节　社会经济发展概况

一、人口分布

据第 6 次人口普查统计，环渤海三省两市（北京、天津、河北、辽宁、山东）2010 年的总人口数量为 $2.44×10^8$ 人（其中北京市人口数量为 19 612 368 人，天津市人口数量为 12 938 224 人，河北省人口数量为 71 854 202 人，辽宁省人口数量为 43 746 323 人，山东省人口数量为 95 793 065 人），占全国总人口数量的 18.2%。区域陆地面积 $52.1×10^4$ km²，约占全国总面积的 5.43%，人口密度为 442 人/km²，环渤海区域有 60 多个港口，这些港口城市所组成的点和线被人们形象的称为"渤海金项链"。

二、经济发展概况

环渤海是我国经济发展较快的区域之一，据 2010 年国民经济发展统计，2010 年环渤海三省两市的地区生产总值为 10.1 万亿元，占全国的 28.47%。其中北京市地区生产总值为 14113.58×10⁸ 元，天津市地区生产总值为 9224.46×10⁸ 元，河北省地区生产总值为 20 394.26×10⁸ 元，辽宁省地区生产总值为 18457.27×10⁸ 元，山东省地区生产总值为 39169.92×10⁸ 元。山东省为环渤海地区区域生产总值最高的省份。近 10 年来，环渤海地区总区域生产总值呈现快速增长态势，2010 年较 2001 年增长了 4 倍。如图 2.1 所示。

环渤海 13 地市 2010 年区域生产总值达到了 36709×10⁸ 元，占全国国内生产总值的 9.2%，其中天津市为环渤海 13 地市区域生产总值最高的地区，其次为大连市、唐山市、烟台市、潍坊市、东营市、沧州市、滨州市、营口市、秦皇岛市、盘锦市、锦州市、葫芦岛市。如图 2.2 所示。

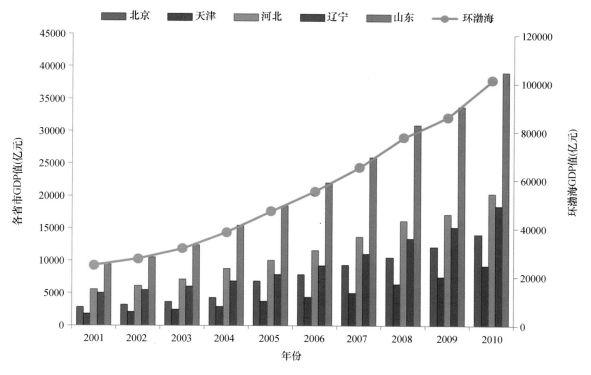

图 2.1　2001—2010 年环渤海地区三省两市 GDP 发展状况

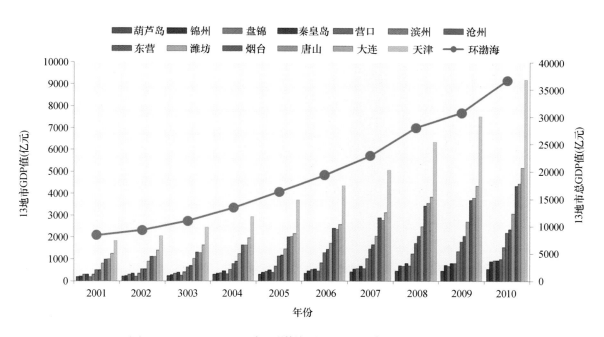

图 2.2　2001—2010 年环渤海地区 13 地市 GDP 发展状况

三、环渤海地区经济开发活动概况

自 20 世纪 80 年代起，环渤海地区就成为了中国北方沿海开放的先驱。1984 年 5 月，中央政府决定开放 14 个沿海港口城市，其中环渤海地区的天津、大连、秦皇岛、烟台等沿海城市就位列其中，随后在这些城市内部相继建立了不同级别、不同类型的开发区；1987 年国家又决定将山东半岛、辽东半岛、环渤海湾地带列为国家级沿海经济开放区，使得区域内对外贸易得到良好发挥；1991 年又在天津、大连两地相继建立保税区，进一步拓展了产业园区内部经济的全面增长。

21 世纪之初，河北曹妃甸新区的全面兴起、天津滨海新区的高速发展都有效带动了区域经济效益和产业升值。其中天津滨海新区属于国家综合配套改革试验区和国家级新区，发展至今已经成为服务我国北方地区，辐射整个东北亚经济发展的全新增长极和科学发展的排头兵；2010 年，天津滨海新区规模以上工业企业科技活动费用总额为 171.88 亿元，比上年增长 11.30%，其中大中型工业企业科技投入达 155.19 亿元，占整个新区规模以上工业企业科技投入的 90.29%，开展科技活动项目五千多项，比上年增长 11.03%，占规模以上工业科技活动项目的比重为 71.30%。同年，滨海新区固定资产投资完成 3352.71 亿元，同比增长 34.03%，增速高出全市区 3.9 个百分点，在重点项目的投资规划上，第二产业完成投资额 1189.01 亿元，第三产业完成投资额 1354.52 亿元，一、二、三产业完成投资比例为 0.2∶46.7∶53.1。

2009 年 7 月《辽宁沿海经济带发展规划》获得国务院批准作为整体开发区域被纳入国家发展战略，自此辽宁形成"五点一线经济带"，即大连长兴岛临港工业区、营口沿海产业基地、辽西锦州湾经济区、丹东产业园区和大连花园口工业园区等 5 个重点发展区域。其中，大连大窑湾保税港区经济发展已经具有相当规模，形成了以电子、机械制造、塑料化工为主的加工产业，以汽车、石油、食品为主体的国际贸易大市场及其配套服务的仓储物流体系；在渤海翼（盘锦-锦州-葫芦岛渤海沿岸），重点发展石油化工、船舶制造、新材料等产业的锦州滨海新区，石油装备制造业深度开发的盘锦地区，船舶修造与配套、机械加工、有色金属、医药化工等产业的葫芦岛北港工业区；在黄海翼（大连—丹东一带），重点发展庄河工业园区、花园口经济区、登沙河临港工业区、长山群岛经济区等工业园区。

2010 年，西青经济技术开发区、沧州临港经济技术开发区、燕郊高新技术开发区、邹平经济技术开发区、潍坊经济技术开发区、大连长兴岛经济技术开发区等晋升为国家级开发区，在"十二五"的开局之年，东营经济技术开发区、招远经济技术开发区上升为国家级工业园区，山东半岛蓝色经济区成为了第一个获批的国家级发展战略。环渤海地区拥有占全国 1/6 的 3000 多千米海岸线，规划构建 9 大核心区，全力打造"环渤海经济圈南部增长极"，成为贯通东北老工业基地与"长三角"经济区的桥梁枢纽。

据相关资料统计，截至 2011 年底，环渤海"三省两市"共有各类国家级开发区 59 个，省级开发区 266 个，约占全国国家级开发区的 16.81%，占省级开发区的 21.42%，占国省两级开发区的 20.4%。其中直接对环渤海区域有影响的经济技术开发区有 25 个，列于表 2.1 中。可以看出，环渤海地区经济技术开发区数量最多，达到 13 个，其次的园区类型则是高新技术和出口加工区，分别为 5 个和 4 个。

表 2.1 环渤海主要经济开发区一览表*

开发区类型	数量	开发区名称
经济技术开发区	13	大连、秦皇岛、烟台、天津、西青、武清、营口、沧州临港、锦州、东营、招远、大连长兴岛、潍坊滨海
高新技术开发区	5	天津滨海、大连、潍坊、唐山、营口、烟台
保税区	2	大连、天津港保税区
出口加工区	4	大连、天津、烟台、秦皇岛
其他开发区	1	天津保税物流园区

注*：表中未将环渤海三省两市所有经济技术开发区全部列入。

表 2.2 环渤海主要经济技术园区主导产业一览

园区名称	批准时间	规划面积（km²）	主导产业
大连经济技术开发区	1984	737.8	石油化工、电子及通讯设备、电器机械、金属制品
营口经济技术开发区	1992	183	矿产加工、粮食加工、木材加工、皮革加工、服装加工
锦州经济技术开发区	1993	444	装备制造、汽车及零部件、医药化工
大连长兴岛经济技术开发区	2010	295	石油化工、机械制造、汽车零部件、生物制药、基础建材、粮食深加工、食品加工
烟台经济技术开发区	2010	502	船舶制造、石油化工、装备制造、高新技术、食品加工和生物制药
东营经济技术开发区	2011	153	电子信息、汽车及零部件、新能源、石油装备、新材料、有色金属压延及深加工
潍坊滨海经济技术开发区	2010	677	盐化工、石油化工、机械制造
招远经济技术开发区	2011	130	黄金、轮胎、电子、食品、机械制造
天津经济技术开发区	1984	33	电子通信、汽车和零部件、食品、新能源、新材料、航天、现代服务业
西青经济技术开发区	2010	150	电子信息、汽车配套、生物医药
武清经济技术开发区	1991	24.8	生物医药、机械制造、电子信息、汽车及零部件、新能源
秦皇岛经济技术开发区	1984	128	粮油食品加工、汽车及零部件、重大装备制造、冶金及金属压延和高新技术
沧州临港经济技术开发区	2010	118.1	化工产品、电子商务

社会经济中不可避免的产生和排放的各种污染物，是造成环境污染的主要因素之一。工业增长是人类社会和技术进步的重要标志，同时工业生产也是环境污染的重要来源。据环保部门统计，工业污染占全国污染总量最高可达70%。环渤海产业园区是一个石油化工、冶金、海洋生物、机械电子、生物医药、新材料、新能源、钢铁等重化工业、高新技术产业集聚布局的地区，工业生产带来一系列衍生品和不同程度的环境污染。环渤海地区一直是中国经济发展的热点区域，沿海城市化与临海工业园区发展迅猛，造成海洋生态系统脆弱和海洋环境巨大压力，近岸海域环境污染形势严峻。

第三章　渤海陆源入海污染源排放状况

环渤海陆源入海污染源主要以入海河流和入海排污口为主，沿岸非点源污染物入海对近岸海域环境质量的影响也不容忽视；海洋大气污染物沉降由于其入海方式的不同将另行讨论。据统计，环渤海沿岸直接入海河流有 60 余条，其中较大的入海河流有黄河、海河、滦河、辽河、大辽河等；主要入海排污口 89 个，其中工业直排口 40 个，市政直排口 18 个，排污河 31 条。环渤海入海河流和排污口的空间分布如图 3.1 所示。

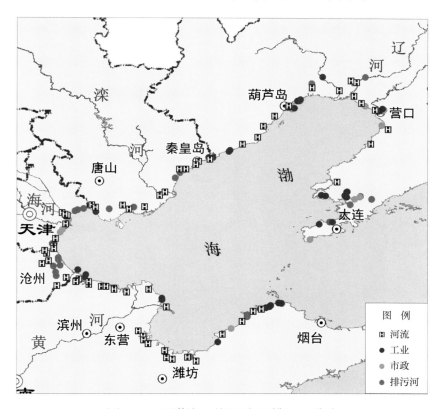

图 3.1　环渤海入海河流和排污口分布

第一节　入海河流污染物排放状况

一、入海河流的空间分布及流域概况

环渤海入海河流的空间分布可分为辽河流域、海河流域、滦河流域和黄河流域四大流域，又可进一步细分为辽东半岛诸河水系、辽河水系、辽西沿海诸河水系、滦河水系、海河水系、黄河水系和山东半岛诸河水系等7个水系（图3.2）；按照水资源分区类型，则隶属于辽河、海河、黄河及淮河（山东半岛诸河部分河流）水资源一级分区内。

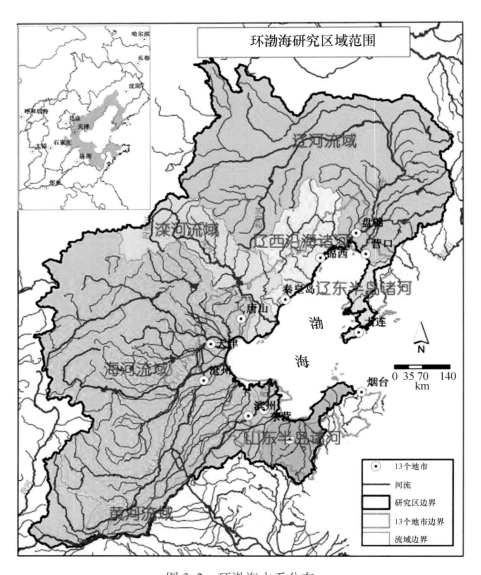

图 3.2　环渤海水系分布

其中，多年平均径流量在 10×10^8 m³/a 的河流有大辽河、辽河、大凌河、滦河、陡河、蓟运河、永定新河、海河、黄河和潍河等10余条。六股河、独流减河、漳卫新河、徒骇河、小清河等的多年平均径流量也在 5×10^8 m³/a。以上河流的多年平均径流量占全部河流入海径流量的90%以上。其中黄河的径流量最大，多年平均径流量 338.5×10^8 m³/a，占环渤海河流总径流量的一半以上。环渤海入海河流的基本信息如表3.1所示。

表 3.1　环渤海入海河流基础信息

序号	河流名称	河长（km）	流域面积（km²）	所属七大水系	流域简介（源头~入海口~流经城市）	地势特征
1	复州河	70	866	辽东半岛诸河	发源于复州县东北孤山北侧，北流折向西南流，经赵屯、复州、三台等地，在长兴岛东北侧注入辽东湾	流域地势东部高，西部低，河道浅窄，支流段足，呈树状河型，水量小
2	熊岳河	70	440	辽东半岛诸河	源出新金、复县与盖县之间分水岭北侧，北流折向西北流，经歪歪山西南麓，过熊岳镇，注入辽东湾	流域地势东南部高，西北部低。流域地势平缓，上游为低缓丘陵，下游为海滩平原，支流短促而稀疏，水量小
3	大清河	90	1300	辽东半岛诸河	南源出营口南部干山山北麓，至盖县高屯乡与境内汇合北源，西北流穿行石门水库，北源出自海城市西南石门水库，穿行三道岭水库，经营口市中南部，在盖县高屯乡境汇合南源，干流至营口市与盖县同入辽东湾	流域地势东南部高，西北部低。河道弯曲。沿河两岸建有许多渠道
4	大辽河	509	26099	辽河流域	辽河流域地跨河北、内蒙古、吉林、辽宁四省、自治区。辽河为树枝状水系，东西宽南北窄，由两个水系组成：一为东、西辽河，于福德店后汇入辽河干流，经双台子河由盘山入海；另一为浑河和太子河，于三岔河汇合后经大辽河由营口入海	辽河流域东北部高，西部低，海拔高程 2~2039 m。河道弯曲，呈不规则河型，水系发育，大小支流 70 余条，中下游河道宽浅，河道呈 U 形，河道宽 1~2 km，水流缓慢，泥沙淤积，河床质为沙土壤
5	辽河	1430	192260	辽河流域		
6	大凌河	382	23546	辽西沿海诸河	经辽宁省凌源县与大河湾之间回合南源。南源出大青山东北，东流汇合北源后，经朝阳市，义县中部、锦县南部，于盘山县南部汇入渤海辽东湾	流域地势，西北部高，东南部低。河口中游段地势平缓，河道渐宽。下游河道弯曲，水量丰富。河口中游段为海冲积平原，两侧多沙丘地
7	小凌河	183	5475	辽西沿海诸河	源出朝阳市与内蒙古松岭山脉楼子山东麓，曲折东南，经朝阳市城南，于锦州市红卫石村南侧分支入海	河道曲折，不规则河型。上游落差大，水量丰富。中、下游地势平坦，河口段为海滩冲积平原，河面渐宽
8	兴城河	50	704	辽西沿海诸河	源出兴城县北部药王庙附近山丘。曲折东南流折向南流，经兴城县城区，在新立屯红石村南侧注入渤海辽东湾	河道浅窄，不规则河型，水量较富

续表

续表

序号	河流名称	河长（km）	流域面积（km²）	所属七大水系	流域简介 源头—入海口—流经城市	地势特征
9	烟台河	39	546	辽西沿海诸河	源出兴城县西北部中盘岭南麓，南流经碱厂、南大山，同侪、沙后所等乡镇，在海滨镇东入海	中上游流经丘陵山地，下游地势平缓
10	六股河	147	3080	辽西沿海诸河	源出建昌县东北松岭山脉米楼子山西南麓，西流折向南南流，经建昌县东南、兴城县与绥中县之间（界河），在绥中县小庄子乡入辽东湾	中上游流经山区，多光山秃岭，下游地势平坦，汛期常有洪涝灾害
11	狗河	80	1980	辽西沿海诸河	源出绥中县北部大青山西南，南流经县中部，在王宝乡与网户乡之间分支入海	河道弯曲，河槽浅窄，呈不规则河型，水量较小。中上游多光山秃岭，下游河段为海滩冲积平原，建有排水渠道
12	石河	80	1600	辽西沿海诸河	源出绥中县西北部黑石山山脉秃顶山南麓，西南流折向南流，穹行大凤口水库分支入海	河道曲折多弯，河槽浅窄
13	沂河	98	619	冀东沿海诸河	源出滦县沙河驿乡与东安各庄乡之间的栗园沟。南流，经滦州铁路，过新隆庄乡入滦南县附近入海	沿蚕沙口河渠道纵横，下游河口处建有倒虹吸闸等工程
14	新青河	60	—	冀东沿海诸河	源出滦南县西南山丘，南流进入滦南县东部，经滦南县与乐亭县边界河，南入海	河口入海处建有防潮闸
15	北戴河	35	290	冀东沿海诸河	源出抚宁县北部，南流折向东南流，在北戴河区以南注入渤海	北戴河流域北宽南窄，上游流域80%为丘陵区，下游河道弯曲，河道浅宽
16	汤河	29	184	冀东沿海诸河	二源。东源出抚宁县柳观峪西北麓，南流10余千米汇合西源。西源出抚宁县温泉山泉西南山坡，南流，经抚宁县平山营、海阳镇、秦皇岛市区，二源南流于台塔岭入渤海	源短流急，汛期易形成水患。枯水季节基流甚小
17	洋河	74	755	冀东沿海诸河	源出青龙满族自治县南部山丘，西北流折向南流，经青龙满族自治县、抚宁县城北，至昌黎县与秦皇岛市青龙岭之间入海	上游低山丘陵，下游地势平坦，冬季封冻。
18	大蒲河	—	—	冀东沿海诸河		

续表

序号	河流名称	河长(km)	流域面积(km²)	所属七大水系	流域简介 源头－入海海口－流经城市	地势特征
19	饮马河	—	—	冀东沿海诸河		
20	新滦河	65	—	冀东沿海诸河	源出滦县安各庄西部山丘，东流折向东南流，经滦南县西南部、滦南县东部，在乐亭县姜各庄与滦河之间注入渤海海	中游有渠道与滦河相沟通，下游枝汊众多，水量小
21	沙河	163	902	冀东沿海诸河	源出迁安蔡岭乡好树店村北侧山丘。南流折向西南流，注入草泊	季节性行洪河道，河道大半干涸或呈潜流状态。汛期洪水凶猛
22	陡河	120	1340	冀东沿海诸河	源出河北省迁西县西南山丘。南流折向西南流，经润、唐山、丰南等县市，于丰南县河口附近注入渤海湾	流域地势平缓，直流发育，水量丰沛
23	小青龙河	108	848	滦河流域	源出青龙满族自治县北部海拔1846 m，都出西南楚。流经该县城区，七道河乡、平林乡东南，过青院入青龙江	
24	新开河	—	—	冀东沿海诸河		
25	滦河	888	44900	滦河流域	源出河北省丰宁满族自治县西北，巴彦古乐山北麓。经丰宁、承德、宽城、迁安、滦县等县市，于乐亭县东注入渤海	上游流经蒙古高原，中游流经高原与山区过渡地带，支流发育
26	蓟运河	301	2060	海河流域	源出河北省东北部，由周河、泃河汇合而成。南经宁河县城区，北塘和潮白河，永定新河同入渤海湾	流域抵触海滨平原，两岸地势平坦，水流缓慢
27	潮白新河	458	19354	海河流域	原由河北省北部潮河与白河在北京市密云县境内汇合而成，干流南经密云，怀柔、顺义、通县、香河、宝坻、武清、宁河等县、市，于天津市北入渤海湾	上游植被较好，泥沙淤积量较小。怀柔县以下为海滨冲积平原，两岸地势平坦，河道宽浅，摆幅大
28	永定新河	61.9	—	海河流域	西起天津市北郊的屈家店闸，东流折向南流，经天津市北郊的大张庄，东堤头，在北塘附近入渤海湾	
29	海河	1090	264.617	海河流域	由永定河、大清河、子牙河、南运河、北运河五大河流至天津市市区汇合而成，于大沽口入渤海湾	海河流域属东亚温带半干旱季风气候区，降水量少，水资源短缺。雨季易形成洪涝灾害

续表

序号	河流名称	河长（km）	流域面积（km²）	所属七大水系	流域简介	
					源头－入海口－流经城市	地势特征
30	独流减河	70	—	滦河流域	北起静海县提溜嘴引大清河之水，南流至静海县万家码头与马厂减河交汇后，东南流至屯家口入渤海湾	
31	子牙新河	143	—	滦河流域	在河北南部，西起献县牙河南岸，引子牙河之水东南流，经献县东部、沧县北部，在青县李卷附近与南运河交汇后，经天津市南，至静海县二道沟附近注入渤海湾	最大人工开挖的泄洪入海河道
32	北排水河	161	1328	海河流域	上源由小漳河、老漳河在新河、冀东县出衡水湖后始名东排河。主河道东流折向东南，经武邑、阜城、献县等县，在沧县与青县之间始名北排河。东南与南运河交汇后，东至天津市静海县马棚口附近入渤海湾	
33	南排水河	440	13707	海河流域	起点河北清河县葛仙庄镇，由黄骅南排河镇入海	
34	宣惠河	165	3031	海河流域	上起河北吴桥县桑园镇王庄控制闸，东南流经吴桥、东光、南皮、盐山、海兴6县，于海兴县东北入海	
35	马颊河	440	—	海河流域	源出河南省濮阳县东部，东流经清丰县、南乐县、大名县入山东省，经莘县、冠县附近与鲁运河交汇，后经高唐县、夏津县、平原县、武城、德州、宁津、乐陵等县市境，于无棣县注入渤海湾	流域地势平坦，河网交错，渠道纵横、水利设施遍布
36	德惠新河	173	3429	海河流域	西起平原县，东流经陵县、临邑县、商河县、乐陵县、庆云县，于无棣县注入马颊河	
37	徒骇河	436	19100	海河流域	源出山东省清丰县，东流经山东省范县、莘县、阳谷、聊城、禹城、惠民、滨州等15个县市，于沾化与无棣县界入渤海湾	主河道向比较顺直，水系不发育

续表

序号	河流名称	河长（km）	流域面积（km²）	所属七大水系	源头-入海口-流经城市	地势特征
38	黄河	5464	752243	黄河流域	源出青海省巴彦喀拉山脉。主河道曲折东流，经青海、四川、甘肃、宁夏、内蒙古、山西、陕西、河南、山东9省，在山东省垦利县东北部注入渤海湾	内蒙古托克托县河口镇以上为上游，水质清。河口镇到河南省孟津为中游，水流减缓。孟津以下为下游，地势平坦，水流缓慢，泥沙沉积
39	漳卫新河	247	—	山东半岛诸河	西起山东省武城县，东流经德州市，又沿河北省吴桥、东光、南皮、孟村回族自治县、海兴和山东省陵县、宁津、乐陵、庆云、无棣等县，在无棣县埕口东部入渤海	为人工开挖，比较顺直，大部分河岸土质较好，且河型也比较适应洪水特性，洪水峰小，量大，峰涨平缓，起涨较为迅速
40	沾利河	50	—	山东半岛诸河	西北起自沾化县东北，南流折向东流，经沾化县南，至利津东部入渤海	流域地处黄河三角洲冲积平原，两岸地势平坦，上游建有排灌渠道，西南沟通黄河，东北直达渤海。干流河道顺直，排涨流通无阻，西山后附近河段宽
41	秦口河	110	—	山东半岛诸河	源出信阳县北部边界的沟盘河，清波沟、沾化两界汇合，于无棣县东风港入渤海	流域为黄河三角洲冲积平原，地势平坦，西部沾化县皂户信家火以下，河道宽阔，西山后附近河段宽达3 km
42	淄脉沟	123	—	山东半岛诸河	源出高青县西北边界。与小清河平等东南流，经高青西南部，博兴县中部，至广饶县东北部入渤海	流域地处黄河三角洲冲积平原，两岸地势平坦，西北部高，东南部低。河道狭窄多弯，支流较多，水源不丰
43	小清河	237	12263	山东半岛诸河	源出济南市，由黑虎、钓突、孝感诸泉汇流而成。主河道东南流，经历城、章丘、邹平、高青、博兴、广饶等9县市，于寿光与广饶县界入渤海莱州湾	中下游流域地势平坦，西北部高，东南部低。下游低山、丘陵
44	新塌河	90	1286	山东半岛诸河	源出青州市西北部的北阳河、织女河和源出寿光市光村市东部，沿广饶县边界汇入小清河	流域地势平坦，水流缓慢，水系发育，呈树枝状河型
45	弥河	180	2270	山东半岛诸河	源出沂水、沂源、临朐3县界，沂山东南麓，东北流经临朐县中部，青州市南部，寿光市东南部，在昌乐县夹子镇入渤海莱州湾	上游流经中低山区，支流较发育，杨家庄以下，河道比降小，水量较小，两岸地势平坦，河道开阔

渤海陆源入海污染源综合管控研究
BOHAI LUYUAN RUHAI WURANYUAN ZONGHE GUANKONG YANJIU

续表

序号	河流名称	河长（km）	流域面积（km²）	所属七大水系	源头－入海口－流经城市	流域简介 地势特征
46	白浪河	120	1237	山东半岛诸河	源出临朐县南部山丘，东南流折东南，经临朐县南部，潍坊市城区，昌乐县中部，至弥河口同入渤海莱州湾	地势平坦，西部高，东部低，水系发育，支流较多
47	虞河	75	301	山东半岛诸河	源出寿光市南部折山东南麓，东流经寿光市，昌乐县与昌邑县边界，入渤海莱州湾	河源短流经低山，丘陵，中下游两岸为广阔平原，河道落差小，比降低，水流缓慢。支流较发育
48	潍河	246	63701	山东半岛诸河	源出五莲县西南部，东北流经五莲县，诸城市，高密与安丘两市之间，寿光市，昌邑县下东营人渤海莱州湾	中下游流经低山，丘陵，为山溪性河段，河道较深窄，比降大。峡山水库以下，河道两岸为广阔平原，河道展宽，水流平缓
49	胶莱河	173	3712	山东半岛诸河	源出胶南市，北流折向东称胶河。经胶南市，高密市，胶州市，沿平度市与高密市之间，平度市与昌邑县界河东流，于莱州市与昌邑县界，注入渤海莱州湾	多低山丘陵，河道弯曲，水系发育
50	白河	45	—	山东半岛诸河	源出莱州市南部大泽山西北麓，西流折向北流，经莱州市至虎头崖附近入渤海莱州湾	上游为低山丘陵，下游为海滩冲积平原，支流稀少，水资源不丰
51	王河	55	—	山东半岛诸河	源出招远市北部边界。南流折向东流，经大沽山，莱州市，至三山岛北麓入渤海莱州湾	上游为低山丘陵，下游河口处为沼泽地
52	界河	60	—	山东半岛诸河	源出招远市西部丘陵，东流折向东北流，龙口市，北人渤海莱州湾	上游流经平缓丘陵，下游两岸为海滩冲积平原。支流发育
53	黄水河	65	320	山东半岛诸河	源出招远市与栖霞市，在龙口市黄河营附近入渤海莱州湾	上游流经平缓丘陵，下游为海滩冲积平原
54	潮河	48	436	山东半岛诸河	源出五莲县西南部，西南流折向南流，经胶南市，日照市注入黄海黄家塘湾	上游流经中低山丘，支流发育，下游为海滩平原，水源充沛
55	挑河	—	—	山东半岛诸河		

1. 辽东半岛诸河

辽东半岛诸河水系总流域面积约 1.2×10^4 km²，其中径流量较大的河流有复州河、熊岳河和大清河，三条河流分别于辽宁省大连市长兴岛、营口市熊岳镇和盖州市汇入渤海。3 条河流中大清河流域面积最大，约为 1300 km²，而复州河和熊岳河的流域面积均小于 1000 km²，3 条河流流域地势均表现为东部高而西部较低的特点。

辽东半岛诸河水系沿岸岸线较为曲折，且其岸线主要以基岩海岸为主。沿岸分布有羊头湾、双岛湾、营城子湾、金州湾、复州湾、太平湾等海湾，南部岸线较北部岸线更为曲折复杂。

2. 辽河流域

辽河流域是我国的七大水系之一，位于我国东北地区西南部，116°30′—125°47′E，40°31′—45°17′N 之间，东以长白山脉与松花江、鸭绿江两流域分界；西接兴安岭南端，与内蒙古内陆诸河相邻；南以七老图、凌源山脉与滦河、大小凌河流域毗连；北以松辽分水岭和松花江流域相接，全流域面积约 22×10^4 km²，南北长约 7.6 km，东西宽约 490 km，整个流域东西宽，南北狭，山地主要分布在流域的东西两侧，成为辽河平原的东西屏障。辽河流域在辽宁省内自东北向西南流经铁岭、沈阳、鞍山、盘锦、本溪、抚顺、辽阳、营口、阜新、锦州、朝阳等 11 个市的 36 个县（市区）。辽河流域有辽河和大辽河两条入海河流，分别于辽宁省盘锦市盘山县和营口市注入辽东湾。

辽河水系主要包括辽河及其支流，辽河上游有西辽河和东辽河，两条河流在辽宁省昌图县福德店附近相汇合，其汇合处至入海口河段称辽河干流。流域总面积约 19.2×10^4 km²，全长 1430 km，其中辽宁省境内流域面积约 6.92×10^4 km²，河长 523 km。辽河多年平均流量约 400 m³/s，多年平均径流量 44.37×10^8 m³。辽河共有大小支流 20 余条。左侧汇入的主要支流有招苏台河、清河、柴河、沉河等，是辽河干流洪水的主要来源；右侧汇入的主要支流有秀水河、养息牧河、柳河、绕阳河等。

大辽河水系主要包括浑河、太子河和大辽河干流及其支流，流域面积 2.6×10^4 km²，全长 509 km。大辽河系指浑河、太子河汇流后的三岔河至营口入海口一段河道，全河为感潮河段，大潮可上溯至三岔河以上。1958 年六间房外辽河堵截后，辽河泥沙不再输入。大辽河流经海城、盘山、大石桥、大洼等市（县），于营口入海，流域面积 1962 km²，河长 96 km。大辽河左岸有一级支流劳动河，右岸有一级支流南河沿排水总干、新开河、外河 3 条。

辽河流域沿岸岸线为典型的河口冲积海岸，近岸水深较浅。

3. 辽西沿海诸河

辽西沿海诸河主要为辽宁省西部沿海的诸多小型河流，总流域面积约为 4×10^4 km²。流域面积较大的河流主要包括大凌河、小凌河、六股河和狗河等。其中大凌河和小凌河是辽宁西部最大的两条河流，大凌河发源于辽宁省建昌县头道营子乡，至辽宁省盘山县小河村注入渤海，总河长397 km，流域面积$2.4×10^4$ km²，大凌河流域河流特点为：径流量时空分布变幅大，年际年内变化显著，丰、枯水年年径流量相差悬殊，多年平均径流量$18×10^8$ m³/a。径流量年内变化也很大，6~9月的径流量占全年径流量的80%，最小月为2月，3~5月仅占全年径流量的12%。小凌河发源于朝阳市西南110 km处的助安格喇山，流经朝阳、葫芦岛、锦州、凌海4市，接纳锦州市内全部工业污水和生活污水，至凌海市南下进入渤海，干流长206 km，流域面积为5475 km²，小凌河流域的水量年内丰枯交替明显，有春汛和夏汛之分，其中春汛为流域积冰雪消融形成，多发生在3月；夏汛则以降雨补给为主，多发生在7~8月，年最大流量一般出现在夏汛，经考察，7~8月径流量占全年总量的60%~70%，年际变化很大。

4. 滦河及冀东沿海诸河

滦河及冀东沿海诸河总流域面积约$5.5×10^4$ km²。主要包括滦河及冀东沿海的陡河、沙河、石河等河流。

滦河属单独入海河流，多数情况下，由于滦河下游平原与海河下游平原相衔接，因此有时也将滦河及冀东沿海诸河归并至海河流域，统称为海滦河水系。滦河上游亿闪电河为主源，下游在河北省乐亭县入海，总流域面积$4.48×10^4$ km²。冀东沿海诸河指滦河水系东西两侧的部分河流，主要的入海河流有陡河、沙河、石河，其中仅陡河流域面积在1000 km²以上。

5. 海河流域

海河流域位于东经112°—120°之间，西以山西高原与黄河流域接界，北以内蒙古高原与西北内陆河流域接界，南界黄河，东临渤海。流域地跨北京、天津、河北、山西、山东、河南、辽宁和内蒙古等8个省（直辖市、自治区），总流域面积$31×10^4$ km²，海河是我国华北地区主要河流之一，也是全国七大江河流域中水资源最匮乏，同时又是水污染最严重的地区。海河流经大中城市多，人口密度大，工业较为发达。随着工农业经济的发展和人民生活水平的提高，污水的产生量也相应增加。河流的污染主要来自工业和生活废水以及农业非点源污染。由于人类活动强度的增大，农业非点源的污染程度也在不断增加，越来越多的废水、污水排入河道，造成水体污染。

海河水系流域面积$26.6×10^4$ km²，海河干流只有天津市一段长73 km，是海河流域最重要的行洪排涝入海河道，整个流域共有5大分水系，即漳卫南运河、子牙河、大清河、永定河及北三河，历史上集中于天津市海河干流入海。1963年大水后，漳卫河、子牙河、大清河、永定河、潮白河都开辟或扩大了单独入海减河，使海河干流主要排泄大清河、永定河的部分洪水。黑龙港地区开挖了单独入海的南北排河。徒骇河、马颊河位于海河水系南部平原，单独入海。

海滦河水系共有流域面积在 1000 km^2 以上的河流 56 条，其中单独入海河流主要包括海河、马颊河、徒骇河、宣惠河、南排水河、北排水河、子牙新河、漳卫新河、独流减河、永定新河、潮白新河、蓟运河等。

6. 黄河流域

黄河是中国的第二大河，发源于青海高原巴颜喀拉山北麓约古宗列盆地，流经青海、四川、甘肃、宁夏、内蒙古、山西、陕西、河南、山东等九省区，于山东垦利县注入渤海。黄河干流全长 5464 km，整个流域位于 96°—119°E，32°—42°N 之间，东西长约 1900 km，南北宽约 1100 km，流域面积 79.5×10^4 km^2。

根据黄河水利委员会山东分会提供逐年流量数据，1951—2001 年黄河利津站年平均径流量为 331×10^8 m^3，对渤海的物质输入具有绝对的主导地位。黄河更以多沙而举世闻名，多年年平均输沙量为 8.73×10^8 t。此外，黄河的感潮河段短，使得伴随大量泥沙而来的营养盐和有机物等直接汇入渤海，形成其独特的河口过程。近年来，黄河水污染问题较为严重，受入河排污口的影响，黄河干流劣五类水质河段已占监测评价河段的 38%。黄河入海口处的水质类别也较差，主要超标污染因子为石油类和化学需氧量。

7. 山东半岛诸河

山东半岛河流众多，且均直接入海，总流域面积约为 2.7×10^4 km^2。其中注入渤海的流域面积较大的河流有小清河、弥河、白浪河、潍河、胶莱河等。

山东半岛诸河多为省内山溪性河流，河长一般均较短，流域面积较小，河流径流量的季节性变化十分明显。

二、入海河流的径流特征

1. 河流入海径流量的总体概况

近几十年来，环渤海主要河流的入海径流量呈急剧减少的趋势。20 世纪 60 年代渤海年均入海水量约为 847×10^8 m^3，70 年代约为 543×10^8 m^3，80 年代约为 414×10^8 m^3，90 年代为 295×10^8 m^3，2000 年以来约为 262×10^8 m^3，如图 3.3 所示。入海水量的急剧减少除了气候因素影响外，更重要的是随着我国经济的快速发展，流域内工业和生活用水量的大幅增加，也是最主要的原因之一。

环渤海地区受东亚北部大陆气团和太平洋海洋气团的共同影响，区域气候特征以温带大陆性气候为主，降雨主要集中于夏季，径流量较大的月份主要集中于 7~9 月份，而多数流域面积小于 1000 km^2 的小型河流，则主要表现为季节性河流，雨量充沛时径流量相对较大，而在干旱季节则会出现河流断流、河床干枯裸露的现象。同时，由于环渤海沿岸多属平原地

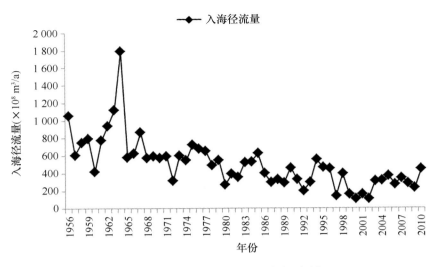

图 3.3　环渤海河流总入海径流量

带，特别是以海河流域和冀东沿岸最为明显，河流下游多设防潮闸，河流入海径流量的大小受人为控制更为明显。并且，随着环渤海区域沿岸经济的快速发展，环渤海部分河流，特别是流域面积较小、河长较短的河流，已成为沿岸地级市纳污排污的主要途径。

2. 主要入海河流径流量的年际变化趋势

环渤海区域主要入海河流黄河、海河、辽河、大辽河、滦河年际径流量的变化趋势如图 3.4～3.8 所示。从图中也可以看出，黄河、海河、滦河入海径流量均呈显著下降趋势，特别是滦河流域 2000 年以来入海径流量一直处于历史最低值。而辽河和大辽河入海径流量年际间波动较大，无明显下降趋势。

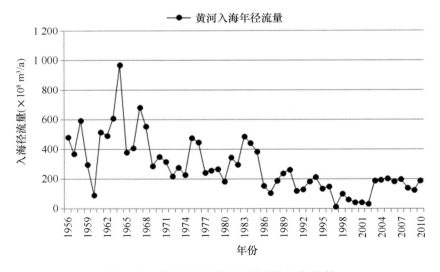

图 3.4　黄河入海径流量年际变化趋势

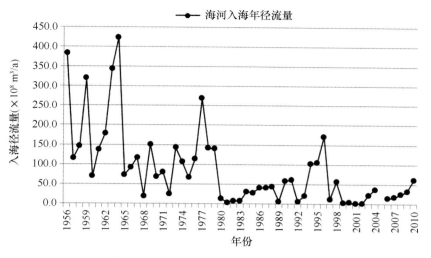

图 3.5　海河入海径流量年际变化趋势

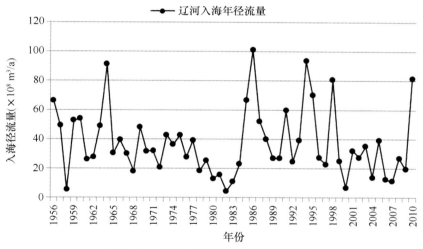

图 3.6　辽河入海径流量年际变化趋势

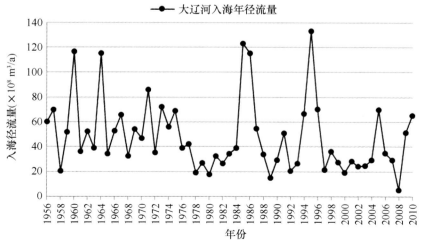

图 3.7　大辽河入海径流量年际变化趋势

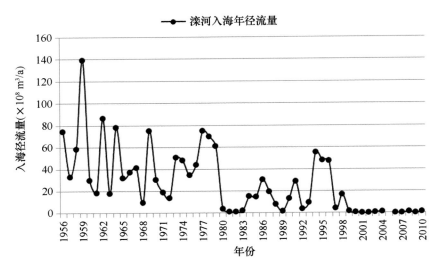

图 3.8   滦河入海径流量年际变化趋势

3. 主要河流入海径流量的年内分配

图 3.9~3.11 为黄河、海河和辽河入海径流量年内分配示意图。从图中可看出，环渤海区域河流受气候影响，明显的表现出径流量年内分配不均的现象。径流量较大的月份主要集中于夏季的 7~9 月份，这一季节渤海区域降雨量相对较为集中，汛期河流入海径流量明显高于其他水情期。其中，海河流域下游由于地势较低，河道多设有防潮闸，受闸坝控制的影响，存在断流情况。

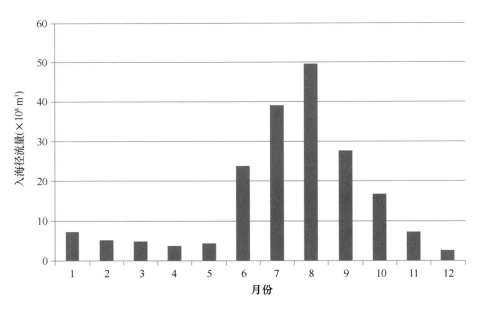

图 3.9   黄河入海径流量的年内分配

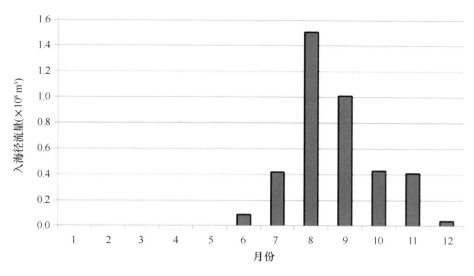

图 3.10　海河入海径流量的年内分配

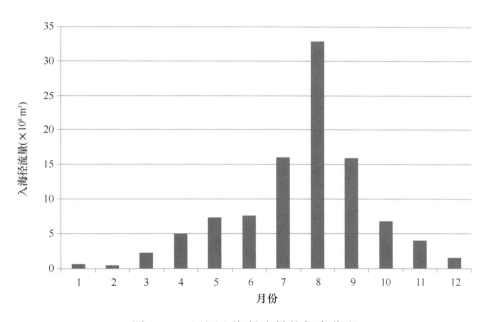

图 3.11　辽河入海径流量的年内分配

三、入海河流水质状况

环渤海地区由于人口分布密集，工农业生产十分发达，随着环渤海经济圈的迅速崛起，经济的快速发展，致使环渤海七大流域水质均受到不同程度的污染。入海河流的污染物主要来自工业和生活废水以及农业非点源污染。从全流域的水质状况来看，目前黄河水污染最严重的河段为陕西潼关至河南三门峡河段和宁夏至内蒙古河段，主要原因是一些污染企业超标排放。辽河流域污染较为严重的为大辽河水系，大辽河水系由于工业集中，人口密度较高，下游地区水质污染问题十分突出。海河流经大中城市多，人口密度大，工业较为发达，随着工农业经济的发展和人民生活水平的提高，污水的产生量也相应增加。

环渤海主要河流入海断面水质情况也较差，2009—2011 年环渤海 8 条主要入海河流监测断面的水质状况如表 3.2 所示。从表 3.2 中可以看出，环渤海河流入海监测断面的水质为劣 V 类的现象十分普遍，主要污染物为 COD_{Cr}、氨氮、总磷、石油类及部分重金属。结果表明无论是营养盐还是其他有毒有害污染物的输入，河流污染对于渤海水环境的压力均不容忽视。

表 3.2　2009—2011 年环渤海主要河流水质类别及主要污染物

序号	河流名称	水质类别	主要污染物
（一）2009 年			
1	大辽河	劣 V 类	汞
2	大凌河	劣 V 类	COD_{Cr}、氨氮、铅、镉
3	黄河	IV 类	石油类、COD_{Cr}、汞
4	滦河	劣 V 类	总磷
5	双台子河	IV 类	石油类
6	小凌河	劣 V 类	COD_{Cr}、氨氮、铅、镉、汞、总磷
7	小清河	劣 V 类	COD_{Cr}
8	永定新河	劣 V 类	COD_{Cr}、氨氮、总磷
（二）2010 年			
1	大辽河	劣 V 类	总磷
2	大凌河	V 类	COD_{Cr}、氨氮
3	黄河	劣 V 类	石油类
4	滦河	V 类	COD_{Cr}
5	双台子河	劣 V 类	总磷
6	小凌河	劣 V 类	COD_{Cr}、氨氮、汞
7	小清河	劣 V 类	COD_{Cr}
8	永定新河	劣 V 类	COD_{Cr}、氨氮、总磷
（三）2011 年			
1	大辽河	III 类	
2	大凌河	劣 V 类	COD_{Cr}、铅
3	黄河	IV 类	石油类
4	滦河	IV 类	石油类
5	双台子河	劣 V 类	COD_{Cr}、汞、砷、总磷
6	小凌河	劣 V 类	COD_{Cr}、铅
7	小清河	IV 类	石油类、氨氮、总磷
8	永定新河	劣 V 类	COD_{Cr}、氨氮、总磷

此外，其他部门的公报及国内众多学者的研究结果也表明环渤海入海河流水质状况堪忧。

（1）黄河：《黄河水资源公报》（2000—2004 年）显示，2000—2004 年间黄河入海口处的水质类别为Ⅳ类水质，主要污染因子为石油类和化学需氧量。

（2）海河：刘国华等对 1993—1997 年海河水质监测资料分析，结果表明海河下游断面的污染等级均在Ⅳ级和Ⅴ级的水平，主要污染因子是 NH_4^+-N、NO_2-N 以及由高锰酸盐指数所表征的有机污染[42]；熊代群等的研究结果表明：海河天津段及河口海域水体氮素以氨氮含量最高，均超出第Ⅴ类地表水环境质量标准，主要与海河两岸排放的大量工业废水及城镇生活污水有关[43]。

（3）大辽河：柴宁等以 2000—2005 年大辽河流域的水质监测数据为基础，分析了大辽河流域氨氮的时空变化特征，发现氨氮在空间上有从上游至下游逐渐加重的趋势，近年来下游流域内氨氮总体表现出升高的趋势，达到Ⅴ类或劣Ⅴ类水质[44]。

（4）小清河：孟春霞等在 2002 年 6 月对小清河入海口及邻近海域进行大面积调查资料的基础上，分析了调查区域内溶解氧的分布特征，发现在小清河河口内存在低氧区。结合盐度、COD、营养盐的分析数据，查明了小清河河口内形成低氧区的主要原因是小清河径流带来的大量有机污染物所致[45]。

（5）变化趋势：刘成等根据对环渤海湾诸河口实地采集的 12 个水样进行的重金属、砷、总氮和总磷含量分析，发现环渤海湾诸河口水污染严重，多超过地表水Ⅴ类标准，主要污染物质为 Hg、N 和 P，其他污染物含量均在地表水Ⅱ类标准以内。其中海河口处的 Hg 含量在 20 年间增加了 10 倍左右。诸河口水体中 N 和 P 含量均达到水体富营养化危险负荷[46]。

（6）环境毒理特征：孟伟等于 2000 年对渤海湾主要河口及海岸带部分区域与环境毒理学相关的污染特征进行了一次探查分析。结果表明，环渤海湾河口区域部分水质和底泥的环境污染程度属中度或严重污染状态。海河口、辽河口及黄河口的个别样品中，有害元素铬（Cr）、镉（Cd）、镍（Ni）、汞（Hg）、砷（As）、铅（Pb）等的含量超标数倍以上，总可检出有机物达 200 余种，污染物可能主要来源于各类生产单位的废水排放[47]。

四、河流污染物入海量

污染物入海量评估对开展近岸海域污染物总量控制，实施入海污染源管控具有重要的意义。入海河流径流量和污染物浓度是估算污染物入海量的基础，但由于河流流量和污染物浓度均具有较大的时空变异性，水文特征的差异性、监测数据可靠性、采样时间和频率以及计算方法的合理选择等因素都会对估算结果带来极大的影响，采取一种较为准确的估算方法是进行污染物入海通量计算的重要内容之一。

渤海沿岸入海河流分布众多，目前多家部门及科研机构均对渤海污染物入海量实施了评估。以渤海地区为例，国家发改委在《渤海环境保护总体规划》中对国家海洋局、环保总局、水利部等监测结果进行综合分析评估的基础上，确定的环渤海地区主要污染物入海量为：COD_{Cr} 150×10⁴ t/a，氨氮 11×10⁴ t/a，总氮 14.95×10⁴ t/a，磷 1.05×10⁴ t/a。

不同学者也对渤海污染物入海量进行了评估。夏斌等对 2005 年环渤海 16 条主要入海河流污染物的入海通量进行了估算，所得研究结论为：COD_{Cr} 入海总量约为 25.9×10⁴ t（以 COD_{Mn} 的 3 倍计算），DIN 入海量约为 9.8×10⁴ t/a，其中氨氮 3.6×10⁴ t/a，磷酸盐约 0.3×10⁴ t/a[48]。王修林等[27]对环渤海黄河、海河、滦河和辽河四大流域主要污染物的入海通量的变化趋势进行了细致的分析，比较系统的估算了自 20 世纪 70 年代末至 21 世纪初期间，渤海营养盐、COD、石油类、重金属污染物排放总量，并系统评估了环渤海四大流域对主要污染物排海量的贡献率，结果如图 3.12～3.14 所示，黄河流域对渤海污染物入海总量的贡献最大，其次是辽河流域。

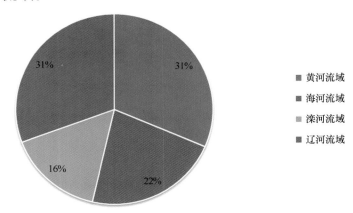

图 3.12　环渤海四大流域 COD_{Cr} 入海量所占比例

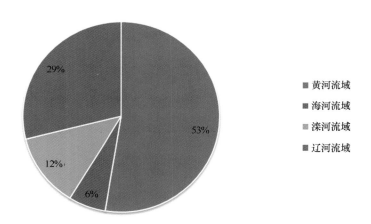

图 3.13　环渤海四大流域无机氮入海量所占比例

此外，根据 2006—2011 年《中国海洋环境状况（质量）公报》，环渤海地区海洋行政主管部门历年来对主要河流氮、磷、COD 等污染物排海总量如图 3.15 所示，分析结果表明，2006—2011 年间，环渤海地区主要污染物的排海总量平均值约为 100×10⁴ t/a。

基于以上调查、监测与研究结果，环渤海地区主要河流排海的污染物入海总量及空间分布特征可初步总结如下：

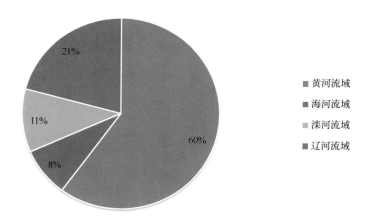

图 3.14　环渤海四大流域磷酸盐入海量所占比例

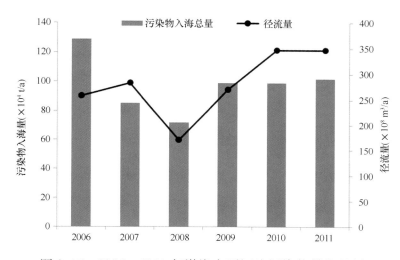

图 3.15　2006—2011 年渤海主要河流污染物排海总量

（1）环渤海地区主要河流排海污染物总量约为：COD_{Cr}，993074 t/a；氨氮，208023 t/a；总磷，10074 t/a；

（2）污染物入海量的空间分布以黄河流域、辽河流域为主，海河流域、滦河流域次之，辽东半岛诸河、辽西沿海诸河及山东半岛诸河所占比例相对较少。

（3）污染物入海量的变化趋势受污染物浓度和河流入海径流量大小的影响而具有一定的波动性，2006—2011 年间，渤海污染物入海总量呈降低再趋于稳定的年际变化趋势。

第二节　入海排污口排污状况

一、入海排污口分布特征

陆源入海排污口是指由陆地直接向海域排放污水的排放口，包括污水直排口（工业直排口和市政直排口）和排污河（主要指人工修建或自然形成的河道，现阶段以排放污水为主，且枯水期污水量占径流量50%以上的小型河流/沟/渠/溪等）。

2006年以来，海洋行政主管部门对环渤海89个主要入海排污口实施监督性监测，其中40个为工业直排口，18个为市政直排口，31个为排污河，其空间分布如图3.16所示。

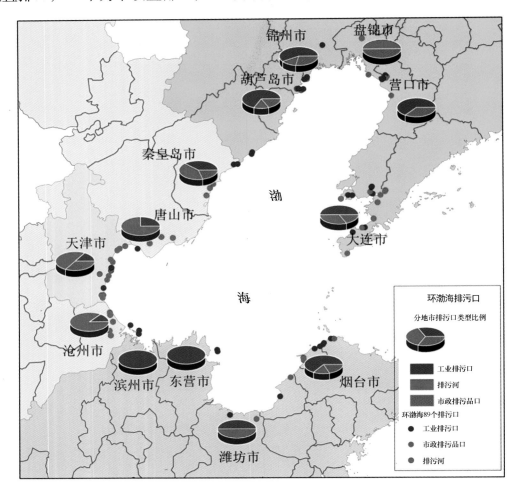

图 3.16　环渤海主要入海排污口分布

从所监测入海排污口的空间分布来看，渤海湾、大连金州湾-普兰店湾沿岸排污口和山东烟台近岸入海排污口数量较多，排污口类型以工业直排口和排污河为主，其中排污河的排污主体较复杂，多汇集了区域内工业、市政及农业非点源等众多污染源。

环渤海地区环保部门对于沿岸主要的直排海污染源（即陆源入海排污口）也每年实施监督性监测。2010年，环保部门在环渤海实施监督性监测的入海排污口有91个，包括44个直接入海的排污口，以及47条河流入海监测断面以下的排污口（这些排污口的污水首先排入河流再入海，但并未包含在河流入海断面监测结果中）。与环保部门主要关注工业和市政直排口等相比，海洋部门还将渤海沿岸的主要混合型排污口——即排污河纳入监督性监测范围（图3.17）。

图 3.17　典型排污河入海口

根据渤海沿岸入海排污口的分布，并对照环渤海三省一市的海洋功能区划，环渤海有46 个入海排污口所在海区的功能类型为海洋保护区、养殖区或度假旅游区，占环渤海地区实施监督性监测入海排污口总数的 52%。这种入海排污口直接将污水排放至环境保护要求较高的海洋功能区的不合理现象会导致排污口邻近海域使用功能直接受损、海产品被玷污、水体富营养化、生态系统失衡等一系列海洋环境问题。

二、入海排污口的污染物排放量

表 3.3 中分别为环渤海地区海洋部门历年监测的环渤海入海排污口主要污染物入海量评估结果，环渤海入海排污口每年排放的 COD_{cr} 入海量约为 19.34×10^4 t，氨氮入海量约为 0.6 $\times 10^4$ t，总磷入海量约为 1040 t，石油类入海量约为 459 t。

表 3.3　环渤海陆源入海排污口主要污染物入海量的评估结果（2006—2012 年）

年份	COD_{cr}（$\times 10^4$ t）	石油类（t）	氨氮（$\times 10^4$ t）	总磷（t）
2006	39.64	524	1.48	1367
2007	16.84	274	0.51	1013
2008	12.64	148	0.36	698
2009	11.83	145	0.38	1549
2010	11.44	472	0.33	1328
2011	30.32	1262	0.37	548
2012	12.68	388	0.76	775
年均	19.34	459	0.6	1040

与环渤海地区的入海河流相比，环渤海沿岸入海排污口向海排放的 COD_{Cr}、氨氮和总磷入海量约占渤海陆源点源（河流、排污口）污染物排海量的 16%、3% 和 10%，如图 3.18 所示。

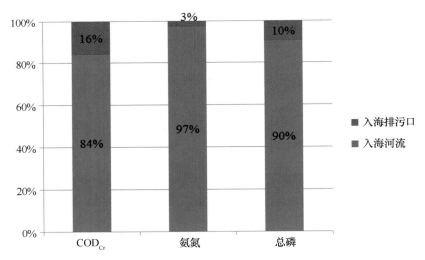

图 3.18　环渤海入海排污口和河流主要污染物入海量所占比例

　　虽然环渤海排污口入海污染物总量远小于河流，但入海排污口在环渤海沿岸密集分布，这些较大的入海排污口之间还分布着数量众多、相距很近的小型入海排污口，部分区域可能还有小型河流穿插其间，输送入海的污染物在近岸"交汇"，使其对沿岸海域的影响范围更加广泛、影响程度更加严重，并导致邻近海域表现为以 COD_{Mn} 和氮、磷营养盐污染为主，重金属、多氯联苯、多环芳烃等有毒有害污染物局地影响显著的复合污染态势。

　　锦州湾是沿岸排污口排污导致邻近海域复合污染的典型海域，除 COD_{Mn} 和氮、磷营养盐污染外，锦州湾水体、沉积物和生物体还同时受到铅、锌、镉、汞等重金属的污染，并且沉积物和生物体中石油类和多氯联苯、多环芳烃也存在超标的情况，这与锦州湾沿岸葫芦岛锌厂排污口、五里河（排污河）以及锦州港排污口的排污密不可分。

　　渤海湾是入海排污口和入海河流共同输入导致污染严重的典型区域，沿岸陆源入海污染源包括 5 条河流和 37 个排污口，其氮、磷营养盐两项主要污染物入海量与辽东湾和莱州湾相近，但渤海湾是渤海三大湾中富营养化最严重、赤潮灾害最频繁的区域，这可能是由于河流和排污口广泛分布于渤海湾沿岸，排污口之间、排污口与河流之间"协同作用"而导致整个海湾污染严重。

三、入海排污口排污特征

1. 不同类别排污口的污水排放规律各异

　　（1）工业及市政直排口污水有规律排放。环渤海工业及市政直排口污水排放主要受工业生产时间及居民生活习惯等人为因素的影响。图 3.19 和图 3.20 分别为部分市政直排口和工业直排口污水排放量的日内变化趋势图。由此可得，虽然市政直排口每日污水总流量的变化不大，但是存在居民用水量在每日内的非均匀分布，生活污水排放量较大的时间段一般出现在早上 8：00—9：00。而工业直排口在上午 8：00 之后污水排放量明显升高，且在不同监测时期污水流量的变化规律基本一致，也表明工业直排口污水排放量较为稳定。

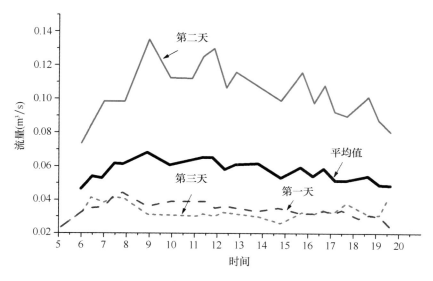

图 3.19　市政直排口污水流量变化

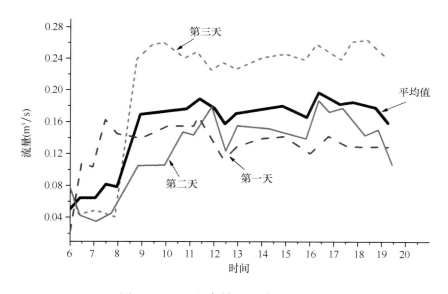

图 3.20　工业直排口污水流量变化

（2）部分排污河设有防潮闸，污水不定期排放。天津市和河北省唐山市、沧州市是渤海西岸排污口最为密集的区域，并且排污河众多（约占环渤海排污河总数的 62%）。为防止海水入侵的影响，大部分排污河（包括市政直排口，如图 3.21 所示）建有防潮闸，污水不定期排放，因此经常出现汛期排污口污水大量集中排放的现象，这也给海洋部门实施陆源排污的监督性监测带来较大困难。

(a)设闸的市政排污口　　　　　　　　　　(b)设闸的排污河

图 3.21　天津市设闸的入海排污口

2. 入海排污口超标排放状况区域和行业差异明显

根据历年国家和环渤海三省一市《海洋环境质量公报》及相关业务化监测数据，2006—2012 年环渤海入海排污口超标排放现象严重，年均超标率为 82% 且历年排污口超标率在 75% 以上。不同类型排污口超标率差别都不大；同一类型排污口超标率的年际变化波动也较小，基本不超过 10%，如表 3.4 所示。

表 3.4　2006—2012 年环渤海入海排污口超标情况

排污口类型	2006	2007	2008	2009	2010	2011	2012	年均
工业排污口	76.7%	83.3%	81.0%	72.7%	81.8%	73.7%	73.7%	78.8%
市政排污口	87.5%	86.4%	91.3%	84.6%	77.8%	79.2%	79.2%	84.7%
排污河	75.0%	84.6%	90.9%	81.8%	80.0%	80.0%	80.0%	81.8%
总计	80.3%	84.7%	87.3%	79.7%	79.7%	77.4%	77.4%	81.9%

从不同地市的排污口超标情况比较来看，葫芦岛、滨州、潍坊三市排污口超标排放最为严重，超标率达 100%；其次是秦皇岛、锦州、天津、盘锦和大连，超标率均在 85% 以上；烟台和唐山超标率也在 80% 以上；沧州和营口超标率在 60% 左右（图 3.22）。

环渤海入海排污口超标排放的主要污染物按照超标率高低依次为 COD_{Cr}、总磷、悬浮物和氨氮等（图 3.23），每年约 2/3 的排污口出现 COD_{Cr}、总磷、悬浮物超标排放的现象。此外，部分工业排污口也存在重金属以及持久性有机污染物（如 BaP）等有毒有害污染物超标

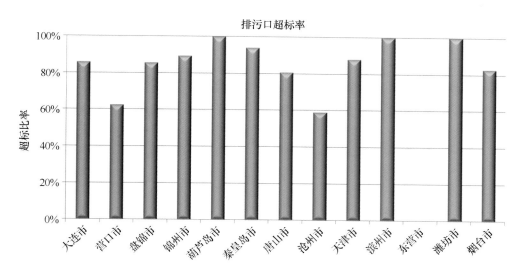

图 3.22 环渤海 13 地市入海排污口的超标率比较

排放的现象，如葫芦岛市部分排污口污水中镉、砷、铅、锌等重金属污染物超标情况严重。

自 2006 年以来，入海排污口污水中 COD_{Cr}、总磷、悬浮物的超标率总体呈下降趋势，2012 年这些污染物的超标率均低于 2006—2012 年的平均水平；入海排污口污水中氨氮的超标率近年来有所上升，2011 年和 2012 年的超标率均高于 2006—2012 年的平均水平（图3.23）。

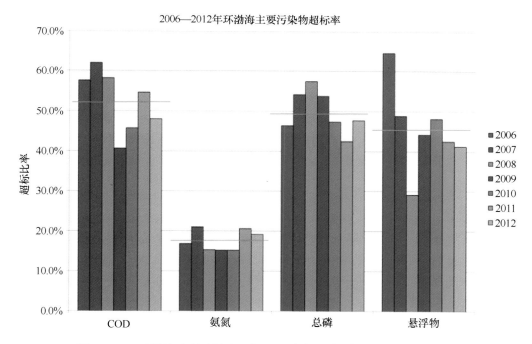

图 3.23 环渤海入海排污口主要污染物超标率的年际变化趋势

3. 不同类别有毒有害污染物排放状况的区域差异明显

2006—2011 年对环渤海 21 个重点入海排污口有毒有害污染物排放情况的监测结果显示，入海排污口污水中多环芳烃类、有机氯农药类、多氯联苯类、邻苯二甲酸酯类及酚类等持久性有机污染物和环境内分泌干扰物普遍检出，其中部分工业排污口和排污河等的污水中苯并（a）芘等污染物排放浓度较高。

（1）重金属：所监测入海排污口的排海污水中主要重金属含量的范围分别为：锌 14～59874 μg/L，铅 0.4～2557 μg/L，砷 2.4～1880 μg/L，铜 1.7～336 μg/L，镍 1.6～59 μg/L，平均值分别为 136 μg/L、3.03 μg/L、4.96 μg/L、18.3 μg/L、7.0 μg/L。从空间分布看，环渤海排海污水中重金属浓度的分布具有明显的区域性，辽东湾沿岸明显高于渤海湾和莱州湾。如图 3.24 所示。

（2）多环芳烃（PAHs）：PAHs 是含有 2 个或 2 个以上苯环的碳氢化合物以及由它们衍生出的各种化合物的总称。其中，苯并（a）芘（BaP）为 US EPA 规定的 16 种优先控制 PAHs 单体之一，致癌性最强。2006—2011 年渤海 21 个陆源入海排污口污水中三种 PAHs（菲，芘和苯并（a）芘）的 5 年的平均浓度分别为 551.8 ng/L、342.7 ng/L 和 73.5 ng/L，最大浓度分别达到 5623 ng/L、10392 ng/L 和 3716 ng/L。

（3）多氯联苯（PCBs）：PCBs 曾被广泛地应用于变压器和电容器内的绝缘介质以及热导系统和水力系统的隔热介质，另外，PCBs 还曾在油墨、农药、润滑油等生产过程中作为添加剂和塑料的增塑剂。由于 PCBs 在 20 世纪 80 年代在世界大多数国家都已经停产，环境中 PCBs 主要来自于废旧电器设备。2006—2011 年渤海 21 个陆源入海排污口污水中两种典型 PCBs 的单体 PCB101 和 PCB153 的 5 年平均浓度分别为 3.65 ng/L 和 4.40 ng/L，最大浓度分别达到 50.6 ng/L 和 102.1 ng/L。

（4）有机氯农药（OCPs）：OCPs 为持久性有机污染物，具有毒性高、化学性质稳定、难生物降解等特点。2006—2011 年渤海 21 个陆源入海排污口污水中典型有机氯农药七氯和艾氏剂的年平均浓度分别为 23.3 ng/L 和 11.4 ng/L，与全国平均水平（22.65 ng/L 和 18.17 ng/L）相近。高浓度的排放口主要为工业类型排污口，环渤海沿岸高浓度的排污口分布在渤海湾天津沿岸和莱州湾潍坊沿岸，最高浓度可达 1315.1 ng/L 和 394.2 ng/L。

（5）环境雌激素（EEs）：内分泌干扰物是近年来新兴污染物的研究热点，其中尤以具有雌激素活性的环境雌激素物质研究最多。雌激素的存在可对水生生物和人类的健康生存及持续繁衍构成严重威胁，因此其在环境中的存在和分布不容忽视。2006—2011 年渤海 21 个陆源入海排污口污水中 3 种外源性典型雌激素辛基酚（OP）、壬基酚（NP）和双酚 A（BPA）均具有较高的浓度，其检出率都达到了 100%。三种雌激素 5 年的平均浓度分别为 89 ng/L、72 ng/L 和 261 ng/L，最大浓度分别达到 340 ng/L、1027 ng/L 和 1753 ng/L，如图 3.25 所示。

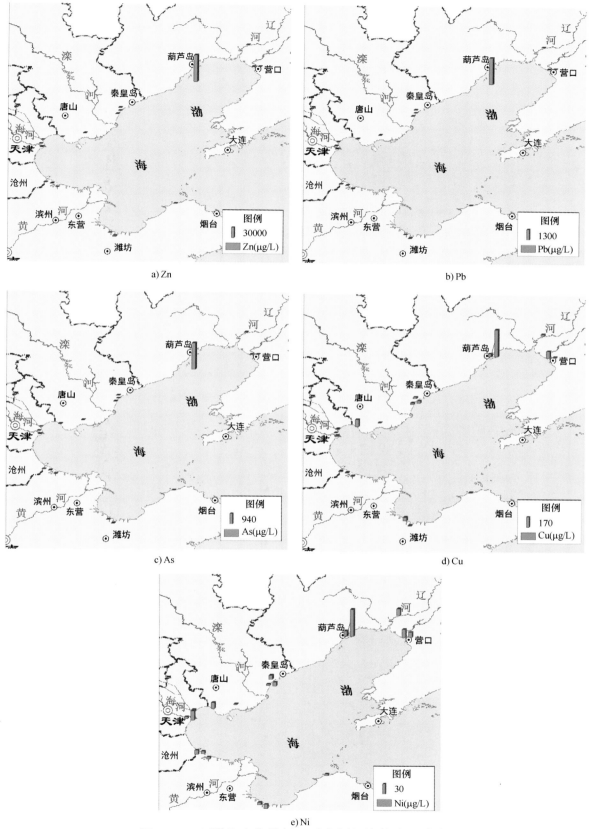

图 3.24　环渤海入海排污口重金属污染物含量分布

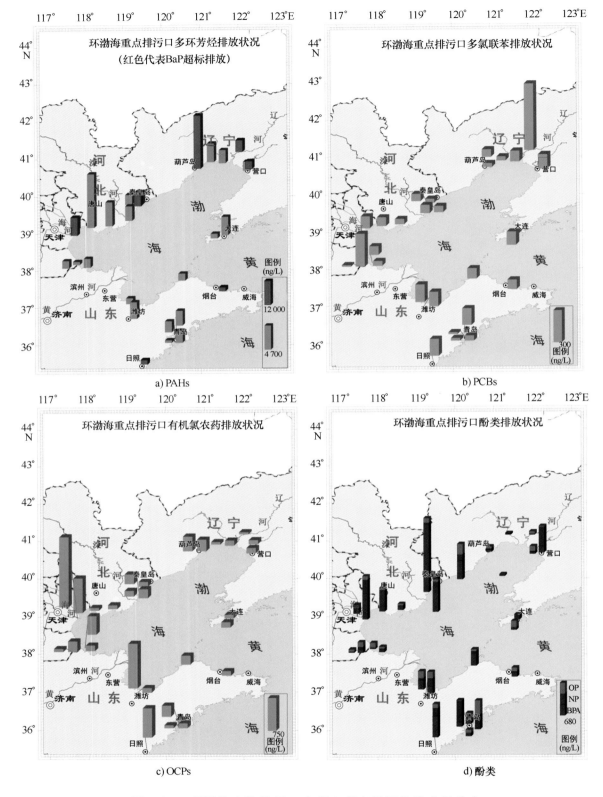

图 3.25　环渤海入海排污口有毒有害有机污染物含量分布

4. 环渤海13地市入海排污口的排污特征

2006—2012年环渤海沿岸13个地市的入海排污口所排放的COD_{Cr}、氨氮、总磷和重金属四类主要污染物的年均入海量如图3.26所示。从区域位置来看，大连渤海近岸、锦州湾近岸、渤海湾近岸是COD_{Cr}、氨氮、总磷年均排放量较大的三个区域，而重金属的排放主要集中在锦州湾近岸海域。其中，大连市COD_{Cr}、氨氮、总磷年均排放量在13地市中均位居第一，年均入海量分别达到5.5×10^4 t/a、1959 t/a、350 t/a。葫芦岛市COD_{Cr}、氨氮年均入海量略低于大连市，总磷相对较少而重金属入海量远超其他地市，达到近300 t/a。

环渤海沿岸13地市的向海排污特征主要受到区域人口分布、经济发展和产业结构等的影响，不同地市入海排污口的排污特征总结如表3.5所示，并分述如下：

（1）大连市：金普湾和营城子湾为环渤海排污口密集分布区之一。金普湾主要排污口有红旗河、鞍子河和老虎河等排污河，营城子湾最主要的排污口为营城子工业园区排污口。其中，红旗河、鞍子河和老虎河三个最主要的排污河均位于金普湾水动力条件较差的湾顶海域，由于接纳了沿岸大量市政和工业污水，为高污染程度污水，是金普湾COD_{Cr}、总磷和氨氮等污染物的主要来源。营城子工业园区排污口为工业排污口，主要以装备制造、新材料、生物制药、名牌轻工为主导产业的工厂排放的污水为主，向营城子湾排放以氮磷为主的污染物。

（2）营口市：主要是工业和市政排污口，污染物入海量较少。营口市污水处理厂是污染程度和排污量最大的排污口，主要接收营口市城镇生活和部分工业污水，向邻近海域排放以COD_{Cr}和氮磷为主的污染物。

（3）盘锦市：沿岸主要为湿地保护区，入海排污口数量总体较少，监测的排污口主要集中在城区工业和人口集中区，湿地、滩涂等其他区域沿岸多为以排涝性质为主的河汊和排洪渠等，污染物入海量很少，污染程度较低，主要污染物是COD_{Cr}和悬浮物。

（4）锦州市：工业排污口较多，其中造纸企业排污强度较大，向海直排的主要污染物为COD_{Cr}、氨氮、总磷和悬浮物。百股桥排污口为锦州唯一一条排污河，由于接纳了沿途生活和工业污水而导致污染程度较高，主要入海污染物为COD_{Cr}、氨氮和悬浮物。

（5）葫芦岛市：排污口数量较少，但排污负荷大、污染程度高。其中五里河排污负荷最大，其主要接纳了生活污水及石油化工类等污水，水色灰白且有刺激性气味，排海污水中COD_{Cr}、氨氮、总磷、石油类、铬、汞、砷、铅等重金属污染物含量均较高；葫芦岛锌厂是以锌冶炼为主的企业，其污水中锌、铅、镉、砷、铬等重金属超标严重，加之入海污水量较大，因而重金属污染物排海负荷在环渤海所有排污口中最高，并导致葫芦岛市重金属入海量远高于其他地市。

（6）秦皇岛市：排污强度较强，以大蒲河和人造河两个排污口排污负荷最大、污染程度最高。大蒲河周边有甜玉米加工业、浅海养殖业、畜禽养殖业、水产品加工业，并承载了上游市政污水；人造河沿岸有造纸企业25家，除了3家实现了零排放的企业外，其他企业

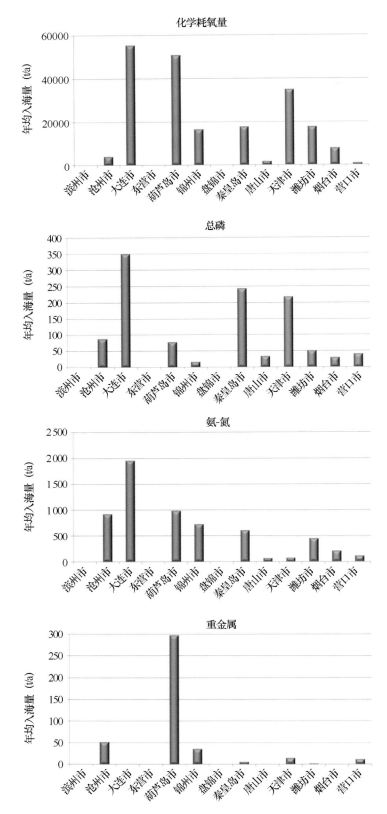

图 3.26　环渤海 13 地市主要污染物年均入海量（2006—2012 年）

均存在排污问题。

（7）唐山市：入海排污河均设闸，除个别工业排污口污染程度较高（但污染物入海量小）外，其他入海排污口的污染物排海强度均较弱。

表 3.5　环渤海 13 地市入海排污口的排污特征

省	市	监测排污口类型及数量				主要排海污染物	区域入海排污口的排污特征
		工业直排口	排污河	市政直排口	合计		
辽宁	大连市	9	6	4	19	氨氮、总磷	市政污水和工业污水排海，排放量大、超标率高
	营口市	5		3	8	氨氮、总磷	市政污水排海，污染物含量高，排放量不高
	盘锦市		1	1	2	COD、氨氮、总磷	排污强度较弱
	锦州市	4	1	2	7	COD、氨氮、总磷	市政污水和工业污水排海，排放量大、污染物含量高
	葫芦岛市	4	1	1	6	COD、氨氮、总磷、石油类、重金属	工业污水和市政污水排放量大；重金属等有毒有害污染物污染负荷高
	合计	22	9	11	42		
河北	秦皇岛市	2	2	1	5	COD、氨氮、总磷、石油类	市政污水为主，排放量大、污染负荷高
	唐山市	1	3		4	总磷	—
	沧州市	1	7		8	氨氮、悬浮物	—
	合计	4	12	1	17		
天津	天津市	2	7	6	15	COD、总磷、悬浮物	市政污水和工业污水排海，排放量为环渤海最高，污染物含量高
山东	滨州市	2			2		
	东营市	2			2		
	潍坊市	1	1		2	COD、氨氮、总磷	污染程度高
	烟台市	6	2	1	9	—	
	合计	11	3	1	15		

（8）天津市：入海排污口类型以混合型排污河为主，污染物排海量较高。其中，泰达市政排污口主要承载了天津滨海新区泰达开发区市政生活污水和工业污水，污水经泰达市政污水处理厂处理后经闸口排入外海，排海污水呈乌黑色且有异味，为高污染程度水体；大沽排污河是天津市专用的城市排污河之一，起于西青区三孔闸，流经大港、津南区，终至塘沽，涉及 50 个自然村，总长度 74 km，汇集了天津市海河以南城区的城市生活污水及沿途的工农业废水，污染较为严重，水体呈黑色，并有刺鼻异味，为高污染程度、高排污负荷排

污口；大港东一排涝站主要受纳大港炼油厂及附近生活污水，但同时还承接沿途两岸养殖废水、排涝雨水的排放，东二排涝站主要接纳沿途生活污水、排涝雨水、工程废水、养殖废水以及大港炼油厂排放的生产污水，东一和东二排涝站为高排污负荷排污口，年 COD_{Cr} 和总磷排海负荷较大。

（9）沧州市：以混合型排污河为主，接纳了沿途市政和工业污水，污染程度较高，污染物排海强度较大。

（10）潍坊市：以混合型排污河为主，其中，虞河、弥河、潍河、围滩河等入海排污河污染严重，水体呈褐色或浅褐色，且径流量较大。

（11）烟台市：主要以工业排污口为主，污染程度相对较轻且排污强度较弱。

第三节　沿岸非点源排污状况

一、环渤海陆源非点源污染概况

陆源非点源污染对近岸海域水质退化的贡献巨大，尤其是在点源污染问题得到有效控制之后。根据农业统计年鉴统计（农业部，1999），环渤海三省一市施肥量约为 57×10^4 t/a，磷肥的施用量大约为 11×10^4 t/a，按 15% 的流失率估算，环渤海三省一市每年氮流失量可达 8.557×10^4 t，磷肥流失量可达 1.757×10^4 t，可见化肥施用不当造成的氮磷流失是环渤海区域非点源污染的重要来源。此外，对自然土壤中的氮磷元素的水土流失进行估算，结合华北平原土壤普查资料，环渤海三省一市每年水土流失泥沙大约 1.8×10^7 t，每年可造成大约 1.9×10^5 t 有机质、1.5×10^5 t 氮和 1.1×10^5 t 磷流失。因此，自然土壤流失也是渤海陆源非点源污染的主要来源。

王修林等[27] 的研究表明，自 20 世纪 70 年代末至 21 世纪初，渤海 DIN 排海通量整体上表现出先增加、后降低、再增加的"N"形变化趋势。DIN 排海总量由 20 世纪 70 年代末的 25×10^4 t/a 左右逐渐增加，到 90 年代初期增至最大，可达 40×10^4 t/a 左右，之后大幅度降低到 21 世纪初的 25×10^4 t/a 左右，但近年却又有所增加，目前为 35×10^4 t/a 左右。渤海 DTP 排海总量整体上表现出先逐渐增加、再缓慢降低的倒"U"形变化趋势。DTP 排海总量由 20 世纪 70 年代末的 1.6×10^4 t/a 左右逐渐增加到 90 年代初的 3.0×10^4 t/a 左右，然后缓慢降低，目前为 2.4×10^4 t/a 左右。渤海 PO_4-P 排海总量整体上同样表现出先增加、后降低的倒"U"形变化趋势，由 20 世纪 70 年代末的 0.8×10^4 t/a 左右逐渐增加到 90 年代初的 1.2×10^4 t/a 左右，然后逐渐降低到目前的 1.0×10^4 t/a 左右。

由此可知，流域陆源非点源可能是环渤海地区河流排放氮磷入海的主要来源。由于河流污染物入海量的监测均设有监测断面，监测断面以上的陆源非点源污染物排海量均已在河流污染物入海通量监测范围内；但监测断面以下沿岸陆域非点源的污染物入海通量也可能具有较高的贡献率，需要对其予以科学评估。

二、沿岸非点源污染物通量估算方法

1. 估算方法

非点源模型是研究非点源污染负荷的主要手段，它是描述非点源污染复杂机理过程并将它定量化的工具。通过基于 GIS 通用土壤流失方程和基于 GIS、统计年鉴资料的输出系数模型，定量估算环渤海区域的各行政区和七大水系的非点源氮、磷污染物通量与来源构成，为后续的污染治理和环境管理提供科学依据。该方法包括以下四个环节：

首先，基于流域保护（Watershed Protection）或基于生态系统管理（Ecosystem-based Management）的概念，采用 GIS 界定研究区域边界和划分汇水单元，为定量分析与表达渤海陆源非点源污染通量与来源构成提供基础的空间数据平台。

其次，基于 GIS 和通用土壤流失方程、SDR、ER 来估算水土流失带来的总氮、总磷通量。

第三，利用基于统计年鉴资料和 GIS 的输出系数模型来计算农村生活、畜禽养殖、化肥施用和土地利用带来的非点源总氮、总磷通量。

最后，以行政单元（县、区）、汇水单元、七大水系和海区为空间单元，分别统计与可视化表达环渤海区域非点源氮磷污染物来自于水土流失、农村生活、畜禽养殖、化肥施用和土地利用的通量与构成。

2. 小流域验证

评价方法、评价对象和评价范围对于流域非点源排污通量的估算有很大的影响，因此，在估算结果的基础上，需要结合典型流域验证监测结果，对模型估算结果进行初步验证。一般陆源非点源排污量的模型估算结果与验证监测结果相比在同一数量级（误差<100%），均可认为估算方法可用。此外，随着验证监测结果数据量的增大，验证误差越小。以山东半岛诸河中的白浪河流域为例，通过现场高频监测对本文评估方法的结果进行验证。

（1）白浪河自然环境

白浪河流域位于渤海的南部，流域面积约为 1250 km²，包括潍坊市的市辖区、昌乐县以及少部分的昌邑市、安丘市和临朐市。白浪河流域南部地势较高，北面较低，河流流向为自西南向北（见图 3.27）。

白浪河流域属北温带季风型半湿润气候区，背陆面海，年平均降雨量 652.8 mm。四季分明，光照充足，年平均气温 12.3℃。1 月份为全年最冷月，平均气温为-3.2℃；7 月份为最热月，平均气温为 25.6℃。春季升温迅速，秋季降温幅度大，无霜期为 198.4 天。

图 3.27（b）是从粮农组织（FAO）得到白浪河流域的土壤图（1∶5000000）。可以看出，白浪河流域土壤主要是石灰性冲积土和石质土，其中石灰性冲积土主要分布在流域的中

部，占整个流域的60%。石灰性冲积土表层土壤有机碳平均为0.79%，总氮平均为0.13%，pH为7.1。土壤组成主要是砂粒，超过了总体的50%。

（2）土地利用和耕作

根据2005年中科院提供的土地利用图［图3.27（c）］来看，白浪流域是以农业种植为主，旱地面积占整个流域的74.3%，农村居民点占12.6%，城镇用地占7.7%，林地只占总面积的不到1%。

（3）白浪河流域土壤侵蚀状况

基于GIS和USLE定量估算方法，获得白浪河流域2005年的土壤侵蚀强度分布图［图3.27（d）］。统计分析表明，白浪河流域土壤侵蚀模数为1108.46 t/(km² · a)，属轻度土壤侵蚀。

（4）白浪河流域水土流失带来的氮磷负荷估算

水土流失带来的非点源氮磷负荷的计算方法如下式：

$$L = a \cdot CSkt \cdot Xkt \cdot ER \cdot SDR$$

其中，a为单位换算常数；L为水土流失带来的非点源氮磷污染负荷（kg/hm²）；$CSkt$为土壤氮磷污染物浓度（‰）；Xkt为土壤流失量（t/km²）；ER为污染物富集比；SDR为流域泥沙输移比。

利用USLE模型估算出的土壤流失量，并进一步通过计算泥沙输移比（SDR为0.2123）和污染物富集系数（ER为1.1121），即可计算获得水土流失带来的氮磷入河量分别为598.7 t和110.105 t。

（5）基于输出系数法的白浪河流域畜禽养殖、生活污染和化肥施用带来的总氮总磷负荷估算

①畜禽养殖非点源污染负荷

据潍坊市统计年鉴（2008年）数据及表3.6中的畜禽养殖排放的污染物的系数来计算畜禽养殖年输出氮、磷量。参照九龙江流域确定的入河系数为：猪30%，羊、兔和大牲畜10%，家禽5%。根据畜禽养殖的总磷/总氮入河量（t）＝养殖头数（万只）×总磷/总氮排污系数［kg/（ca·a）］×10×入河系数，计算白浪河流域来自畜禽养殖的总磷和总氮负荷。从表3.7可以看出，白浪河流域各县市总氮和总磷的入河量最大的来源均为猪养殖业，各类养殖业的总氮和总磷入河量从大到小依次为猪、家禽、大牲畜、羊、兔。各县市间潍坊市辖区和昌乐县的贡献较大，昌邑市的贡献较小。

表3.6　畜禽养殖的年输出 N、P 系数

	大牲畜（以牛计）	猪	羊	家禽	兔
TN［kg/（ca·a）］	7.320	1.390	1.400	0.060	0.140
TP［kg/（ca·a）］	0.310	0.142	0.045	0.005	0.004 5

注：兔的 N、P 系数是根据实际情况取羊相应系数的1/10。

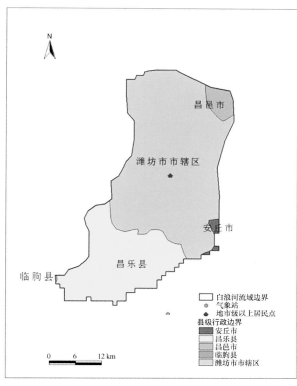

(a)白浪河流域地理位置

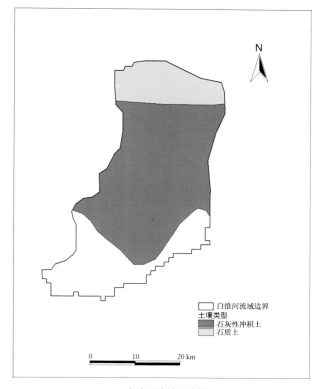

(b)白浪河流域土壤情况

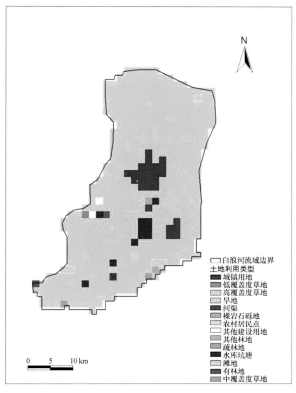

(c)白浪河流域土地利用分布

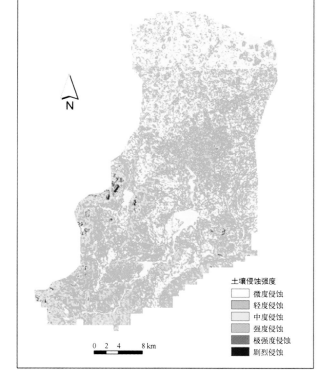

(d)2005年白浪河流域土壤侵蚀强度

图 3.27　白浪河流域地理位置及土壤基本情况

表 3.7　白浪河流域畜禽养殖 TN、TP 入河量

统计项		TN				TP			
		潍坊市辖区	昌邑市	昌乐县	全流域	市辖区	昌邑市	昌乐县	全流域
入河量 （t）	大牲畜	8.22	0.21	10.86	19.29	0.35	0.01	0.46	0.82
	猪	28.51	1.46	25.52	55.49	2.91	0.15	2.61	5.67
	羊	2.95	0.07	3.53	6.55	0.09	0.00	0.11	0.21
	家禽	13.09	0.91	11.79	25.78	1.09	0.08	0.98	2.15
	兔	0.65	0.01	0.43	1.09	0.02	0.00	0.01	0.03

②生活污水的非点源污染负荷

采用综合污水法，即根据人均综合用水量乘以人口和平均生活污水水质得到生活污水的总磷/氨氮产生量。白浪河流域的城市日均生活用水量为 10^4 L/（d·人）（潍坊市统计年鉴），农村日均生活用水量为 90 L/（d·人），生活污水来源污染物入河系数城市采用 0.8、农村采用 0.7（《太湖流域主要入湖河流水环境综合整治规划编制技术规范》）。生活污水中总磷浓度为 4 mg/L（采用厦门平均的污水水质浓度），总氮浓度为 60 mg/L（《九龙江流域水污染与生态破坏综合整治绩效评估报告书》）。生活污水的处理率取 83.71%（潍坊市统计年鉴）。以生活污水带来的总磷/总氮产生量乘以入河系数获得总氮/总磷的入河量。计算结果见表 3.8。

表 3.8　白浪河流域生活污水总磷/总氮入河量

统计项		TN				TP			
		潍坊市辖区	昌邑市	昌乐县	全流域	市辖区	昌邑市	昌乐县	全流域
入河量 （t）	城镇	316.38	1.45	23.08	340.90	22.76	0.10	1.66	24.52
	农村	602.51	16.30	257.39	876.20	40.17	1.09	17.16	58.41
	总量	918.89	17.75	280.47	1217.10	62.92	1.19	18.82	82.93

由计算结果可以看出，由于城市生活污水的处理率较高，流域内各个县市来自生活污水的总氮和总磷主要来自农村。从各个县市的贡献值来看，潍坊市辖区对整个流域生活污水产生的总磷和氨氮最多，分别占了整个流域的 76% 和 75%。

③化肥施用的非点源污染负荷

农田径流中的总磷主要是来自农田化肥的施用，主要包括复合肥和磷肥。复合肥中含有 15% 的五氧化二磷和 15% 的氮肥，将折纯后的五氧化二磷中磷的含量和氮肥折纯量分别乘以入河系数 0.05，得到农田径流中的总磷和总氮的入河量。从表 3.9 可以看出，73% 的化肥施用产生的总磷入河量来自潍坊市辖区，61% 的化肥施用产生的总氮入河量来自潍坊市辖区。

表 3.9 白浪河流域化肥施用的污染物的入河量

	潍坊市辖区	昌邑市	昌乐县	全流域
氮肥料施用折纯（t）	6062.58	422.70	4107.24	10592.52
磷肥料施用折纯（t）	2151.36	84.76	636.84	2872.96
复合肥料施用折纯（t）	19159.20	500.72	6941.16	26601.08
总磷（以 P 计）（t）	2194.12	69.80	732.65	2996.57
总氮（t）	8936.46	497.81	5148.41	14582.68
总磷入河量（t）	109.71	3.49	36.63	149.83
总氮入河量（t）	446.82	24.89	257.42	729.13

④总量

白浪河流域由水土流失、畜禽养殖、化肥施用和生活污水带来的总氮和总磷入河量分别为 2054.43 t 和 241.645 t。

（6）模拟结果验证

根据白浪河 2009 年 7 月份的监测结果，白浪河中总氮和总磷入河量分别为 3913.4 t/a 和 242.63 t/a；估算的总氮和总磷入河量分别为 2653.13 t/a 和 351.75 t/a。监测结果所得总氮和总磷年入河量的模拟偏差（即（模拟值－监测值）/监测值×100%）分别为 32% 和 45%，符合估算模型的精度要求。

三、沿岸非点源污染物入海通量及来源评估

1.13 省市非点源污染物通量估算与来源构成

为评估环渤海沿岸非点源污染物入海通量，首先需要评估环渤海沿岸 13 地市的陆源非点源产污量。

以水土流失、生活污染、畜禽养殖和化肥施用为非点源污染来源的计算结果表明（表 3.10），渤海 13 个地市产生的非点源 COD 通量中，潍坊市最大，达到 3.29×10^4 t，唐山市次之，达 2.75×10^4 t，盘锦市和营口市最小。

非点源总氮通量中，锦州市最大，达到 5.81×10^4 t，潍坊市次之，达 4.06×10^4 t，唐山市与沧州市分别为 3.55×10^4 t 和 3.02×10^4 t，盘锦市最小，为 0.32×10^4 t。

渤海 13 个地市产生的总磷通量中，潍坊市最大，达到 0.85×10^4 t，烟台市次之，达 0.79×10^4 t，锦州市为 0.63×10^4 t，盘锦市最小，为 0.04×10^4 t。

2. 监测断面以下与未监测区域非点源入海量

由于环渤海地区入海河流与排污口监测大部分均设置在各流域出口或入海口区域，所监测时间涵盖了部分枯水期和丰水期，因此所获得的污染物总量势必包括监测断面以上陆源非点源贡献。鉴于上述原因，对入海河流监测断面以下的区域和未纳入排污口与江河监测的区

域进行划分，并对该区域内非点源的贡献水平进行初步估算。入海江河监测断面以下及未监测区域主要污染物入海量情况如表 3.10 所示。

表 3.10 环渤海入海江河与排污口监测断面以下区域非点源入海量评估值

省份	地市	沿海地市非点源入海总量			监测断面以下和未监测区域内非点源总入海量		
		COD（×10⁴ t）	TN（×10⁴ t）	TP（×10⁴ t）	COD（×10⁴ t）	DIN（×10⁴ t）	DIP（×10⁴ t）
辽宁省	大连市	0.69	1.74	0.21	0.23	0.61	0.034
	营口市	0.58	1.11	0.13	0.42	0.43	0.027
	盘锦市	0.31	0.32	0.04	0.10	0.08	0.004
	锦州市	1.47	5.81	0.63	0.94	3.04	0.129
	葫芦岛市	1.48	2.03	0.39	0.97	0.84	0.067
天津市	滨海新区	2.6	2.76	0.33	0.03	0.02	0.001
河北省	秦皇岛市	1.05	2.53	0.6	0.49	0.25	0.026
	唐山市	2.75	3.55	0.59	1.59	1.89	0.123
	沧州	2.63	3.02	0.25	0.91	0.84	0.023
	滨州市	1.76	1.69	0.23	1.00	0.90	0.037
山东省	东营市	0.7	2.27	0.1	0.13	0.06	0.002
	潍坊市	3.29	4.06	0.85	0.45	0.48	0.030
	烟台市	1.18	2.38	0.79	0.13	0.16	0.011
总计		20.49	33.27	5.14	7.39	9.60	0.513

第四节 基于汇水区的环渤海陆源排污特征分析

一、渤海沿岸陆源排污管理区划分

汇水区（collection area）又称作集水区、流域盆地等，是指地表径流汇聚到共同的出水口的过程中所流经的地表区域。依据入海河流流域特征划分汇水区，可以方便地将沿海地区各类向海排污的点源和非点源进行空间归并，作为一个向海排污整体，从而实现复杂的多个陆源入海污染源分布集中化、点源化。另外，由于海洋水体的贯通性，相邻的陆源入海污染源对海洋环境的影响是相互重叠的，从海洋污染防治的角度，也需要将这些污染源作为一个整体来监管。

环渤海地区陆源入海污染源类型复杂、数量众多，所涉及的行政管理单元也多，七大河流水系分布于环渤海 13 个地级市，共 142 个区县。为此，本项研究根据环渤海各入海河流流域的水系特征、行政边界，综合考虑区域的自然属性与数据资料可获得性，运用 GIS 手段对环渤海沿岸汇水单元进行了划分，将每个汇水单元作为"陆源排污管理区"，并将每个汇水区内的主要入海河流、排污口及沿岸非点源排污量进行空间归并，由此获得各陆源排污管理区内主要入海污染源的分布状况及归并后的主要入海点，如图 3.28 和表 3.11 所示。

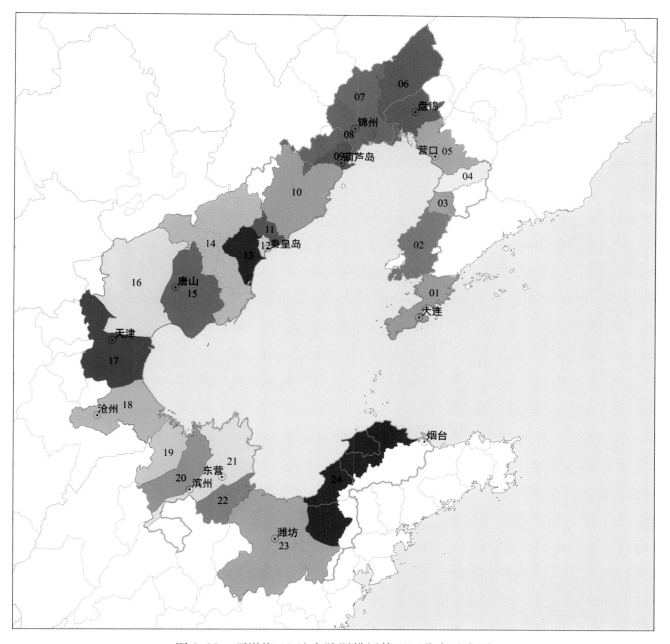

图 3.28 环渤海 13 地市陆源排污管理区分布示意图

说明：01. 大连－普兰店陆源排污管理区；02. 瓦房店市陆源排污管理区；03. 熊岳市陆源排污管理区；04. 盖州市陆源排污管理区；05. 营口市大辽河陆源排污管理区；06. 盘锦市辽河陆源排污管理区；07. 锦州市大凌河陆源排污管理区；08. 锦州市小凌河陆源排污管理区；09. 葫芦岛市陆源排污管理区；10. 兴－绥近岸陆源排污管理区；11. 秦皇岛山海关陆源排污管理区；12. 秦皇岛陆源排污管理区；13. 秦皇岛北戴河陆源排污管理区；14. 滦河排污管理区；15. 唐山市排污管理区；16. 海河北系陆源排污管理区；17. 海河干流陆源排污管理区；18. 海河南系陆源排污管理区；19. 徒骇马颊河陆源排污管理区；20. 滨州市陆源排污管理区；21. 东营市陆源排污管理区；22. 小清河陆源排污管理区；23. 潍坊市陆源排污管理区；24. 烟台市陆源排污管理区。

表 3.11　环渤海陆源排污管理区基础信息

序号	陆源排污管理区名称	区县信息	区内主要入海污染源		主要入海点
			主要入海河流	主要入海污染源	
1	大连-普兰店陆源排污管理区	大连、普兰店	鞍子河等	红旗河、营城子工业园区排污口等	鞍子河
2	瓦房店市陆源排污管理区	大连瓦房店	复州河	交流岛电镀厂排污口等	复州河
3	熊岳河陆源排污管理区	营口熊岳市	熊岳河	—	熊岳河
4	盖州市陆源排污管理区	营口盖州市	大清河	—	大清河
5	营口市大辽河陆源排污管理区	营口市站前区	大辽河	营口市污水处理厂、东双桥排污口等	大辽河
6	盘锦市辽河陆源排污管理区	盘锦市大洼县	辽河	华锦集团排污口等	辽河
7	锦州市大凌河陆源排污管理区	锦州市凌海市	大凌河	王家排污口、元成排污口等	大凌河
8	锦州市小凌河陆源排污管理区	锦州市凌海市	小凌河	百股桥排污口	小凌河
9	葫芦岛市陆源排污管理区	葫芦岛市龙岗区	连山河、茨山河	葫芦岛锌厂排污口、五里河	三河口*
10	兴-绥近岸陆源排污管理区	兴城市、绥中县	兴城河、狗河、六股河等	绥中 36-1 原油厂排污口等	六股河
11	秦皇岛山海关陆源排污管理区	秦皇岛山海关区	石河	山海关开发区总排口、船厂污水处理站排污口等	石河
12	秦皇岛陆源排污管理区	秦皇岛市区	汤河、新开河	二道大庄河入海口、青龙河、双龙河等	新开河
13	秦皇岛北戴河陆源排污管理区	秦皇岛北戴河区	洋河、戴河	北戴河西部污水处理厂排污口、人造河入海口、大蒲河等	洋河
14	滦河陆源排污管理区	唐山市	滦河	三友化工碱渣排污口	滦河
15	唐山市排污管理区	河北天津交界	陡河		陡河
16	海河北系陆源排污管理区	天津市汉沽区	永定新河、蓟运河、潮白河	大神堂排污口、李家河子排污口、中心渔港排污口等	永定新河
17	海河干流陆源排污管理区	天津市塘沽区	海河	泰达市政排污口、渤海石油排污口、大沽河等	海河
18	海河南系陆源排污管理区	天津市大港区	独流减河、青静黄排水渠、子牙新河、南排河、北排河	大港电厂排污口、大港东一、东二排涝站等	子牙新河
19	徒骇马颊河陆源排污管理区	河北沧州市	徒骇河、马颊河、漳卫新河、宣惠河、德惠新河等	廖家洼排水渠入海口、沧渠入海口、黄南排干入海口等	徒骇马颊河
20	滨州市陆源排污管理区	滨州市沾化县	潮河、沾利河、挑河等	沾化电厂、鲁北化工总厂等	潮河
21	东营市陆源排污管理区	东营市垦利县	黄河	二、三号排涝站等	黄河
22	小清河陆源排污管理区	潍坊市寿光市	小清河		小清河
23	潍坊市陆源排污管理区	潍坊市寒亭区	白浪河、弥河、虞河、胶莱河、潍河	海化排污口、蒲河入海口、潍河入海口等	白浪河
24	烟台市陆源排污管理区	烟台市招远市	界河、黄水河	燕京啤酒莱州有限公司排污口、焦家金矿排污口、龙口造纸厂排污口等	界河

* 注：三河口是指五里河、连山河和茨山河交汇入海口处。

二、陆源排污管理区的污染物排海总量

综合以上对环渤海地区入海河流、入海排污口及沿岸非点源主要污染物入海量的初步评估结果，分别统计评估环渤海地区主要陆源污染物的排海总量及各类污染源的贡献率如表3.12 和图 3.29 所示。由此计算得到的环渤海 COD_{Cr}、无机氮、磷酸盐的年排海总量分别为 126×10^4 t、31.0×10^4 t、1.62×10^4 t。

表 3.12　环渤海地区陆源污染物年排海总量及各类污染源贡献率

污染源类型	污染物年排海总量（×10⁴ t/a）			污染源贡献率		
	COD_{Cr}	无机氮	磷酸盐	COD_{Cr}	无机氮	磷酸盐
入海河流	99.3	20.8	1.00	79%	67%	62%
入海排污口	19.3	0.60	0.11	15%	2%	6%
沿岸非点源	7.4	9.60	0.51	6%	31%	32%
合计	126	31.0	1.62	100%	100%	100%

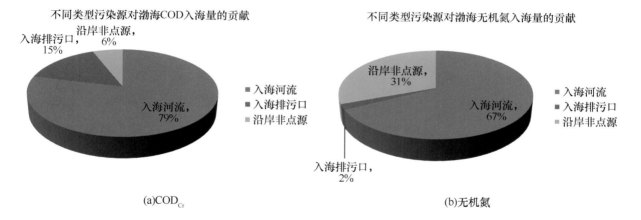

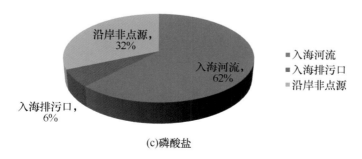

图 3.29　不同污染源主要污染物排海量所占比例

在此基础上，根据渤海沿岸陆源排污管理区的划分结果，得到各陆源排污管理区的主要陆源污染物入海总量，如表 3.13 所示。

表 3.13　渤海沿岸陆源排污管理区的主要污染物入海量

序号	陆源排污管理区	污染物入海量（t/a）					
		COD$_{Cr}$		DIN		DIP	
		点源	非点源	点源	非点源	点源	非点源
1	大连-普兰店陆源排污管理区	69 342	1 125	7 143	1 902	414	89
2	瓦房店市陆源排污管理区	11 554	1 130	1 824	4 155	764	254
3	熊岳市陆源排污管理区	3 228	1 655	1 518	1 731	126	36
4	盖州州市陆源排污管理区	3 935	2 046	3 036	2 158	44	211
5	营口市大辽河陆源排污管理区	233 008	458	55 754	393	652	23
6	盘锦市辽河陆源排污管理区	137 674	957	24 724	789	232	36
7	锦州市大凌河陆源排污管理区	27 845	5 561	11 730	18 587	87	752
8	锦州市小凌河陆源排污管理区	14 742	3 866	4 277	11 780	161	536
9	葫芦岛市陆源排污管理区	51 200	4 458	5 698	3 630	283	291
10	兴-绥近岸陆源排污管理区	16 617	5 205	7 390	4 785	470	378
11	秦皇岛山海关陆源排污管理区	2 899	1 689	949	383	68	5
12	秦皇岛陆源排污管理区	1 095	1 641	155	193	5	22
13	秦皇岛北戴河陆源排污管理区	16 688	1 524	639	1 965	239	230
14	滦河陆源排污管理区	3 171	12 507	1 550	13 293	98	917
15	唐山市陆源排污管理区	14 291	3 372	1 123	5 618	117	309
16	海河北系陆源排污管理区	21 839	135	14 898	88	1 809	6
17	海河干流陆源排污管理区	17 911	164	6 655	96	246	4
18	海河南系陆源排污管理区	26 470	309	1 634	152	1 093	7
19	徒骇马颊河陆源排污管理区	61 483	17 134	17 864	16 176	1 855	538
20	滨州市陆源排污管理区	5 596	1 604	59	1153	19	54
21	东营市陆源排污管理区	358 938	1 287	11 842	577	445	23
22	小清河陆源排污管理区	22 092	2 621	24 202	2 570	1 066	176
23	潍坊市陆源排污管理区	34 929	1 892	1 787	2 202	293	126
24	烟台市陆源排污管理区	29 954	1 339	7 564	1 625	526	106
	合计	1 260 178		310 016		16 241	

三、陆源排污管理区的排污特征

1. 陆源排污管理区主要入海污染源分布特征

基于环渤海陆源排污管理区主要污染物入海量的计算结果，如图 3.30 可以看出，陆源

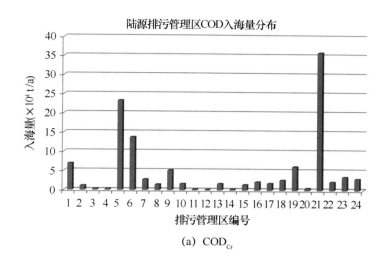

(a) COD_{Cr}

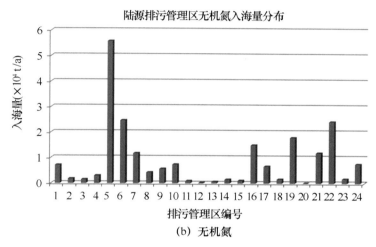

(b) 无机氮

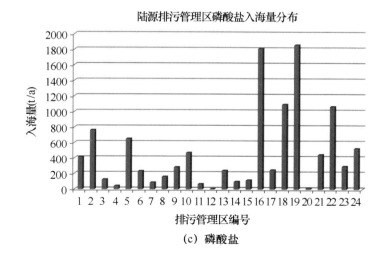

(c) 磷酸盐

图 3.30　不同排污管理区主要污染物入海量分布

排污管理区主要污染物的空间分布特征明显，COD_{Cr} 排污量较大的区域主要分布于东营陆源排污管理区、营口市大辽河陆源排污管理区、盘锦市辽河陆源排污管理区、滨州市陆源排污管理区、大连-普兰店陆源排污管理区，5 个排污管理区 COD_{Cr} 入海量约占整个渤海污染物入海量的 70%。其中东营陆源排污管理区、营口市大辽河陆源排污管理区、盘锦市辽河陆源排污管理区、滨州市陆源排污管理区主要污染源以河流为主，各排污区主要污染源为黄河、大辽河、辽河、潮河和挑河。而大连-普兰店陆源排污管理区 COD_{Cr} 的主要污染源则为排污口。

无机氮排污量较大的排污管理区主要分布于营口市大辽河陆源排污管理区、盘锦市辽河陆源排污管理区、小清河陆源排污管理区、徒骇马颊河陆源排污管理区、海河北系陆源排污管理区，5 个排污管理区无机氮入海量约占整个渤海污染物入海量的 62%。区域内无机氮入海主要受河流输入的影响。

磷酸盐排污量较大的排污管理区主要集中分布于徒骇马颊河陆源排污管理区、海河北系陆源排污管理区、海河南系陆源排污管理区、小清河陆源排污管理区、瓦房店市陆源排污管理区，5 个排污管理区无机氮入海量约占整个渤海污染物入海量的 58%。区域内磷酸盐入海也主要受河流输入的影响。

2. 三大海湾污染物入海量特征

通过分析主要排污管理区主要污染物对渤海三大海湾的贡献率，可以看出渤海不同区域入海污染物类型具有较为明显的区域特征（图 3.31）。COD 排放量对三大海湾均具有较大的

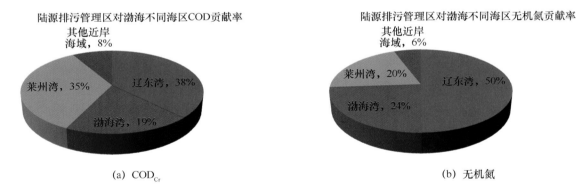

(a) COD_{Cr}

(b) 无机氮

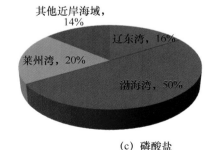

(c) 磷酸盐

图 3.31　渤海三大海湾主要污染物入海量的比较

贡献，其中排放进入辽东湾和莱州湾的量基本相当，排放进入渤海湾的量相对较少。而辽东湾所承受的无机氮的排放量最大，占总量的 50%，莱州湾和渤海湾无机氮排放量相对较少。对于磷酸盐而言，渤海湾承受的磷酸盐的排放量最大，占总量的 50%，莱州湾和辽东湾相对较少。

第四章　陆源排污对渤海海洋环境的影响

第一节　渤海海洋环境质量状况

一、海水水质状况

2001—2012 年，渤海海水水质变化呈现如下主要特征。

1. 海水水质总体呈恶化趋势

渤海海水水质状况总体呈恶化趋势（图 4.1）。多年来渤海水体主要污染物均为无机氮、活性磷酸盐和石油类，并表现出如下显著的阶段性变化特征：

第一阶段（2001—2003 年），一类和二类水质海域面积比例占 90% 以上，四类和劣四类水质海域面积比例小于 5%；

第二阶段（2004—2009 年），一类和二类水质海域面积比例约 80%，四类和劣四类水质海域面积比例增长至 10% 以上；

第三阶段（2010—2012 年），一类水质海域面积比例降低至 60% 以下，四类和劣四类海域面积比例于 2012 年增长至 25%，其中劣四类海域面积增长 2 倍多。

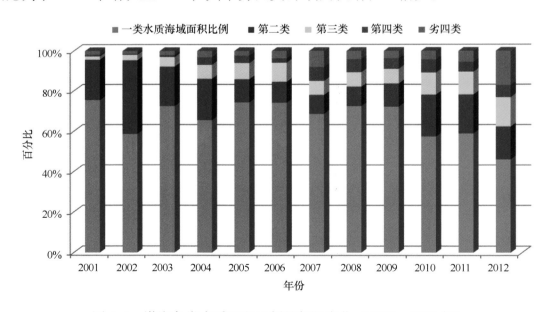

图 4.1　渤海各类水质面积比例的年际变化（2001—2012 年）

2. 高污染程度海域面积不断增大

渤海第三类水质、第四类水质海域面积近年来均呈增加趋势（图4.2）。其中，第三类水质海域面积增幅最大，自2001年以来增加了近一个数量级，平均每5年增加3000 km²；第四类水质海域面积自2004年和2007年出现两次大幅增长之后便一直在5000 km²左右变动。

劣四类水质海域面积变化整体也呈上升趋势，但由于劣四类水质海域主要分布在离岸最近的区域，受降水等导致的非点源输入和河流、排污口输入的影响，年际变化波动较大。如2012年由于环渤海陆域大范围降水导致环渤海大小河流污染物入海量剧增而使得渤海近岸海域受污染海域面积大幅增加，使得劣四类水质海域面积相对于往年（2007—2011年）均值增加了2.4倍。

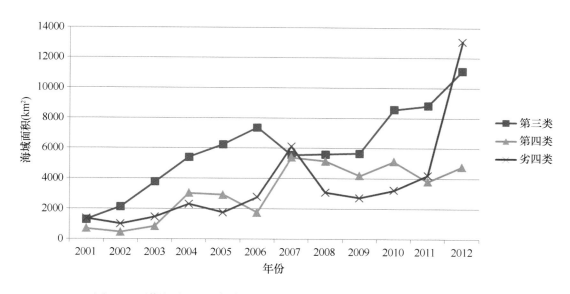

图4.2　渤海劣于一类水质海域面积年际变化（2001—2012年）

3. 近岸海域水质普遍为四类和劣四类，渤海中部海域水质明显变差

近年来，渤海近岸海域水质恶化严重，四类和劣四类水质区逐渐由三大湾湾顶和黄河口海域扩展到整个渤海沿岸区域，如图4.3所示。1998年渤海四类和劣四类等污染严重海域主要集中在三大湾湾顶海域，辽河、海河、黄河以及山东半岛诸河河口污染严重；到2010年，大连、锦州、葫芦岛、秦皇岛、沧州、滨州等地市均有劣四类水质区呈带状分布于近岸海域；到2012年，不仅渤海近岸海域劣四类水质分布带范围进一步扩大，三大湾以外的渤海中部海域也受到了明显的污染影响。

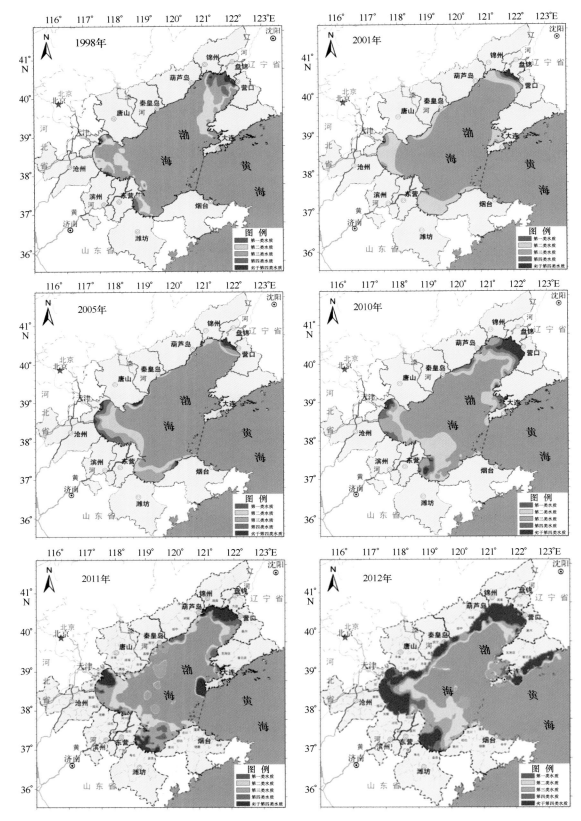

图 4.3　1998—2012 年渤海夏季综合水质等级年际变化

4. 水质污染状况的季节差异显著

根据 2008—2012 年渤海海洋环境公报，渤海三大海湾中，劣一类和劣四类水质区面积所占比例年均值最大的均为莱州湾，其次为渤海湾，辽东湾最小；全年各季节中，夏季（8 月）并非渤海水质污染最重的季节，秋季（10 月）劣一类水质面积年均值最大，春季（5 月）劣四类水质面积年均值最大，如表 4.1 所示。夏季集中降雨导致河流入海径流量增大，对渤海湾和莱州湾劣四类水质区面积大小的影响显著。

表 4.1　渤海及三大湾各季节劣一类和劣四类水质区面积所占比例（2008—2012 年）

年份	劣一类水质区面积比例						劣四类水质区面积比例					
	渤海			辽东湾	渤海湾	莱州湾	渤海			辽东湾	渤海湾	莱州湾
	5 月	8 月	10 月	8 月	8 月	8 月	5 月	8 月	10 月	8 月	8 月	8 月
2008	40%	28%	61%	28%	57%	75%	13%	4.0%	11%	5.0%	11%	26%
2009	38%	28%	34%	30%	67%	83%	6.0%	3.5%	3.4%	2.5%	5.3%	17%
2010	40%	42%	50%	41%	62%	73%	—	4.2%	—	7.0%	3.0%	4.0%
2011	39%	41%	39%	35%	37%	99%	—	5.5%	—	9.0%	11%	0%
2012	41%	53%	48%	44%	94%	99%	—	17%	—	14%	43%	31%
均值	40%	38%	46%	36%	63%	86%	10%	7%	7%	8%	15%	16%

二、海洋沉积物质量状况

历年《中国海洋环境质量公报》和《北海区海洋环境公报》显示，渤海沉积物质量总体良好，但近岸局部海域受到多氯联苯、重金属、石油类等污染。

较 20 世纪 90 年代，渤海沉积物环境质量发生较大改变，由重金属污染逐步变为受重金属和有机污染物（石油类、PCBs 等）的复合污染。

近年来，辽东湾湾底沉积物质量明显改善，由 1997 年的超第一类海洋沉积物质量标准区域转变为达标区域；但锦州湾葫芦岛近岸海域、营口鲅鱼圈近岸海域仍存在超第一类海洋沉积物质量标准的小区域，主要污染物是 Hg、As、Cd 和 Cu；其中，锦州湾葫芦岛近岸海域沉积物已连续多年持续受到重金属等的污染。

渤海湾近岸海域沉积物质量降低。近年来，沉积物中 PCBs 含量出现超第一类海洋沉积物质量标准的现象，海域受到 As、Hg 等重金属和 PCBs 的复合影响。

莱州湾近岸海域沉积物质量总体状况良好，烟台近岸局部海域沉积物质量一般，Hg、Cu、Cd 和 As 等元素含量均在不同程度上出现超第一类海洋沉积物标准的站位。

表 4.2　渤海沉积物质量变化趋势（1997—2009 年）

近岸重点海域	污染物含量的变化趋势								
	汞	镉	铅	砷	铜	石油类	HCH	DDT	PCBs
辽东湾	↘	↘	⇔	⇔	⇔	↗	⇔	⇔	↗
北戴河近岸	⇔	↘	↘	⇔	⇔	⇔	↘	⇔	⇔
天津近岸		⇔	⇔	⇔	⇔	↗	↗	⇔	
黄河口及邻近海域	⇔	⇔	⇔	⇔	⇔	↗	↗	⇔	⇔
莱州湾	⇔	⇔	↗	⇔	⇔	↗	⇔	⇔	⇔

三、区域海洋环境污染特征

1. 大连渤海近岸

2005 年以来，大连渤海近岸海域水质总体下降，春季和秋季污染较重，主要污染区域分布在长兴岛开发区近岸海域和金普湾。近年来长兴岛开发区的大规模围海造地、临港工业区建设和运行等是造成该区域水质污染的主要原因；金普湾水质变差主要是由大连市政排污量的逐年增加而引起的。

2. 辽东湾

辽东湾湾顶主要受到无机氮和活性磷酸盐的污染，海域水深较浅，海水流动缓慢，水交换能力较弱，致使排放入海的污染物在点源附近滞留积聚，污染物高浓度区范围较大。夏季丰水期河口区水质多为劣四类，主要污染物为无机氮和活性磷酸盐，污染面积年际变化主要受到河流径流量的影响，浮游植物的生长利用可能也会消耗一部分营养盐，从而使部分海域的营养盐含量降低。秋季底层氮磷营养盐矿化再生作用速率增加，并受大风扰动和水体垂直交换的影响，使得高浓度营养盐均匀分布于整个水体，出现大面积劣四类水质海域，其面积大小的年际变化可能与水温和风场强弱有关。春季受浮游植物生长利用以及径流量较小的影响，污染面积相对较小。

3. 秦皇岛-唐山近岸

河北秦皇岛和唐山北部近岸海域海岸线平直且水深流急，污染物进入水体之后会很快在水动力的作用下被稀释输运，污染较轻。但近岸海域在部分年份氮磷含量也较高，如 2012 年夏季，受强降雨影响，秦皇岛近岸和唐山近岸海域均出现大面积水质为劣四类的海域，主要污染物为氮、磷和 COD_{Mn}，其空间分布与沿岸河流和排污河集中的区域一致，表明污染物入海的主要途径是经由河流和排污河入海的。

4. 渤海湾

渤海湾水动力条件较弱，海水交换能力差，因而劣四类水质海域面积较大，主要污染物也是氮和磷。从受污染海域面积的季节变化来看，渤海湾西北部水动力条件、浮游植物的吸收利用及营养盐的矿化再生可能是影响海域水质的重要因素。2008 年和 2010 年夏季污染严重的海域面积相对较小、秋季较大，但是在 2012 年夏季降水量特别大的年份，受陆源径流和非点源入海污染物的影响，严重污染海域面积较往年有很大增长，其空间分布也与河流和排污河集中的区域一致，说明污染物入海的主要途径是经由河流和排污河入海的。

5. 黄河口及邻近海域

黄河是渤海入海径流量最大的河流，也是对渤海氮磷输入量贡献率最大的河流。但是，黄河口及邻近海域污染相对于山东半岛诸河河口外的莱州湾顶部海域较轻，一方面可能是由于黄河污染物的输入主要集中在夏季调水调沙时期，季节性较强；另一方面，受黄河口外水动力和风场的影响，夏季盛行西南和东南风，黄河口水体交换强烈，黄河水入海后的营养盐大部分被输送到黄河三角洲北方和西方，从而导致夏季黄河口以北和渤海湾东南部海水水质较差。

6. 莱州湾

该海域为渤海三个湾中水动力条件最强的海湾，良好的水交换能力使湾内烟台近岸海域水质相对较好。但是莱州湾西部受黄河径流和小清河、潍河等山东半岛诸河水系入海污染输入的影响，水质也常年为四类或劣四类，其中湾顶部的山东半岛诸河河口近岸海域水质最差。近年来，莱州湾劣一类水质区范围显著扩大，已从湾顶近岸海域延伸至湾口以外海域。除了降雨量极大的 2012 年，其他年份春季和秋季劣四类水质区面积比夏季高得多。

第二节　流域排污对渤海生态环境的影响

一、渤海主要河口区生态环境特征

渤海地区主要入海河口有黄河口、辽河口和海河口。由于渤海地处我国北方，气候季节性变化明显，属于典型的近岸型海洋环境生态系统。黄河流域、海河流域和辽河流域均属于我国的七大水系，均属于跨省际的大型河流，流域面积大，随着环渤海经济的快速发展，流域人类活动等对渤海生态环境的影响日益加重，造成入海水量不断降低，近岸海域环境质量不断恶化等一系列生态环境问题。

1. 黄河口

黄河以多沙著称，由于水沙含量较高，河流携带大量营养盐和有机物质入海，使得河口及其附近海域含盐度低，含氧量高，有机质多，饵料丰富，形成了适宜于海洋生物生长、发育的良好生态环境，为虾、蟹、贝类的生长提供了良好条件，盛产东方对虾及各种鱼和贝类。黄河口生态环境特征如下：

（1）入海水量为渤海最大，但呈不断下降趋势

黄河是渤海区域入海水量最大的河流，多年年均径流量为 331×10^8 m³，占渤海年均入海水量的 60% 以上。但由于黄河入海水量呈明显的下降趋势，黄河下游出现不同程度的断流，而黄河三角洲地区断流情况更为严重。黄河来水量、输沙量的减少直接造成三角洲海岸变化加剧，引起河口及邻近海岸线的强烈侵蚀。1855 年以来，平均每年形成 21.3 km² 的新海涂。1986—1996 年，黄河三角洲面积反而减少，平均每年减少将近 26 km²，黄河三角洲，尤其是湿地的侵蚀后退日趋严重。

（2）盐度变化明显

黄河口及邻近海域海水盐度在 40 多年间发生了较为明显的变化，历史监测资料表明，黄河口盐度有较为明显的上升趋势，其中尤以春季最为明显。2002 年表层盐度平均值比 1992 年高 2.49，比 1982 年高 2.74，比 1959 年高 4.3。盐度的升高与入海水量的不断减少存在较大关系，而近岸海域受黄河冲淡水影响营养盐量在逐年减少，河口以外海域磷酸盐已成为浮游生物增殖的限制因素。

（3）人为开发压力不断增大，导致河口生态环境脆弱

由于受到因为断流、改道引起的输水输沙量减少，岸线变化、海水入侵等自然因素的影响，人为开发力度的加大，黄河三角洲湿地面积正逐年减少，生物多样性降低，生态环境极为脆弱。

2. 海河口

海河流域地跨北京、天津、河北、山西、山东、河南、辽宁和内蒙古等 8 个省（直辖市、自治区），总流域面积 31×10^4 km²，海河是我国华北地区主要河流之一，也是全国七大江河流域中水资源最匮乏和水污染最严重的地区。

（1）入海水量锐减

海河流域入海水量年际变化呈锐减趋势，年最大入海水量（1964 年）为 424×10^8 m³，年最小入海水量（2001 年）仅为 0.82×10^8 m³。海河流域入海水量减少的原因一方面与气候条件有关，由于海河流域地处我国华北地区，属于干旱和半干旱区域，近 50 年来降水量呈下降趋势，20 世纪 60 年代之前，华北地区降水较为充沛，而之后降水量处偏少阶段，地表径流量和水资源量呈减少趋势。另一方面，随着海河流域经济的发展，工农业用水需求也不断增大，地下水开采严重，也导致海河入海径流量的锐减。

（2）下游地势平坦，海水入侵严重

由于海河下游地势平坦，海水入侵较为严重，为了减轻海水入侵对地表水和地下水带来的危害，海河下游河流断面均不同程度的设置防潮闸，仅在汛期上游来水达到行洪水位时，

开启闸门泄洪，汛后防潮闸关闭，这也是导致海河入海水量降低的原因之一。

（3）近岸海域污染严重

海河是我国七大流域中水质污染最为严重的河流，其河口区域和近岸海域水质污染严重。多年的监测结果表明，海河口渤海湾内水质状况极差，生物多样性降低、生物资源衰退、生态环境质量不断恶化。

3. 辽河口

（1）水资源匮乏，水污染严重

辽河多年年均径流量为 39×10^8 m^3，属渤海地区水资源相对缺乏的大型河流之一。由于地处我国东北重工业基地，水污染问题也相对严重，特别是大辽河口下游区域，由于承接了浑河、太子河两条河流中的污染物，水污染问题尤其突出，是渤海地区氮、磷污染物入海通量较大的区域之一。

（2）亚洲最大的芦苇田湿地生态系统

辽河口三角洲湿地是亚洲第一大、世界第二大的芦苇田湿地，湿地生态系统在对河流氮、磷及有机物等污染物的降解方面具有重要的作用。同时也在抵御洪水、调节径流、改善气候、美化环境和维护区域生态平衡等方面有其他系统所不能替代的作用。

二、流域排污与渤海富营养化及赤潮的相关性分析

渤海是我国近岸海域富营养化最为严重的区域之一，富营养化海域的空间分布与入海河流的分布具有很好的一致性（图4.4）。受沿岸陆域营养盐大量输入的影响，渤海的辽东湾、渤海湾和莱州湾近岸海域基本处于严重富营养化状态。其中，辽东湾严重富营养化区域主要

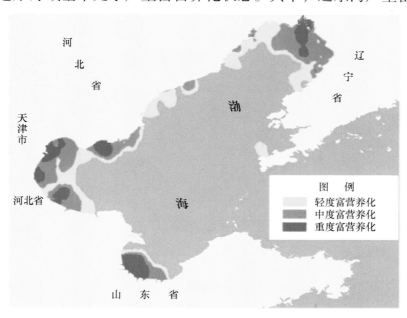

图4.4　渤海富营养化及赤潮发生状况

集中在湾顶及沿岸海域，湾顶富营养化区域与辽河淡水的影响范围一致，辽东湾沿岸的其他富营养化区则主要分布在大连营城子湾、金普湾和锦州湾近岸，这些区域同时也是沿岸排污负荷较大的区域；渤海湾整个区域富营养化都比较严重，沿岸河流以及穿插其间的排污口密集分布，高污染程度的污水和高污染负荷的污染物输入是富营养化的主要物质来源；莱州湾主要集中在湾顶海域，主要受山东半岛诸河水系污染物输入的影响。

渤海赤潮灾害发生频次日益增加（表4.3），自20世纪90年代以来，渤海赤潮发生次数增长迅速，且赤潮灾害面积增大，最大的一次达到6300 km²，成为我国近岸海域仅次于长江口赤潮高发区的第二大赤潮高发区。

表 4.3　渤海赤潮发生次数年代纪变化

年代	赤潮次数
1960 年之前	1
1960—1969 年	1
1970—1979 年	1
1980—1989 年	1
1990—1994 年	5
1995—1999 年	10
2000—2004 年	65
2005—2009 年	32
2010—2012 年	28

无机氮、磷是赤潮灾害发生的物质基础，而富营养化是用来表征无机氮、磷污染程度的重要参数之一。流域输入的营养盐总量越大，水体富营养化程度就越高，从而导致赤潮爆发的可能性越大。因此，富营养化往往与赤潮发生具有较好的一致性。由图4.5可以看出，渤海主要赤潮高发区主要集中在三大湾及河北秦皇岛近岸海域，这与水体富营养化区域的时空分布相一致。

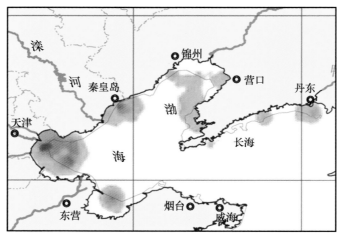

图 4.5　渤海赤潮灾害时空分布状况（2000—2009 年）

需要说明的是，辽东湾和莱州湾湾顶最严重富营养化区域并非赤潮高发区，反而富营养化程度相对较低的海湾中部海域赤潮频发，这与长江口外赤潮高发区的成因相似：由于辽河和黄河输入了大量泥沙，使得近岸海域水体浑浊度较大，从而影响浮游植物光合作用；泥沙大部分沉降在河口，但富含无机氮磷营养盐的水体可以通过水平输运到达离河口较远的区域，使得这一区域无机氮、磷营养盐含量仍较高，为赤潮灾害爆发提供了物质基础。

秦皇岛附近海域在 2000 年之后成为赤潮频发的海域，2000 年以来至少监测到了 30 次左右的赤潮事件发生，其中有 3 次赤潮面积超过 1000 km²；2008 年以来更是连年发生"微微藻"赤潮。2000 年以前，秦皇岛近岸海域氮磷含量较低，但近年来秦皇岛近岸海域海水养殖业发展迅速，滦河口-北戴河生态监控区数据表明，海水养殖产生的氮磷污染物可能是秦皇岛近岸海域赤潮频发的主要物质来源，但是陆源输入在某个特殊时期可能也有较大的贡献，如 2012 年强降水使得秦皇岛近岸氮磷污染加剧，其间发生 2 次赤潮灾害的面积均大于 2011 年。

渤海湾是渤海近年来赤潮发生频率最高、累计面积最大的海域。渤海湾沿岸无大河流输入，但是中小型河流及排污口分布密集，上游流域人口密集、城镇化程度高，为渤海湾提供了巨大的营养物质来源，使得渤海湾富营养化严重，且这些河流和排污口含沙量较低，水体透明度较高，浮游植物生长不受光照限制，因而整个海湾赤潮灾害均较严重。

综上所述，渤海赤潮频发的物质来源主要是流域营养盐输送。

第三节　陆源入海排污口对邻近海域环境的影响

一、陆源入海排污口对邻近海域的影响范围

对 2008—2010 年海洋部门监测的 100 个环渤海排污口流量进行统计，其流量大小情况及根据经验公式估算的混合区半径和最大扩散距离见表 4.4。结果表明，42% 的入海排污口排放的污水在邻近海域的最大扩散距离小于 500 m；82% 的入海排污口污水最大扩散距离小于 2 km；只有 3% 的排污口（主要是排污河）污水在邻近海域的最大扩散距离超过 5 km。

表 4.4　环渤海入海排污口混合区半径及扩散距离估算结果统计

流量（t/d）	排污口数（个）	百分比（%）	混合区半径（m）	最大扩散距离（m）
<1000	9	10	3~22	6~44
1000~10000	21	24	26~79	78~237
10000~100000	28	31.5	86~251	344~1004
100000~1000000	28	31.5	255~771	1275~3855
>1000000	3	3	1204~1793	6020~8965

可见，单个陆源入海排污口对邻近海域的影响范围有限，对较大区域海洋环境的影响往往被江河的影响区域所覆盖，或者多个相邻的陆源入海排污口共同形成对区域海洋环境的污染叠加效应。

二、排污口长期排污对邻近海域的累积污染效应

入海排污口的长期排污会造成其邻近海域的水质逐渐恶化。近年海洋部门对环渤海主要入海排污口邻近海域水质监测结果如图 4.6 所示。所监测的 18 个入海排污口中，8 个入海排污口邻近海域水质均为四类或劣四类，7 个入海排污口邻近海域水质总体呈恶化趋势，两者占总数的 83%。

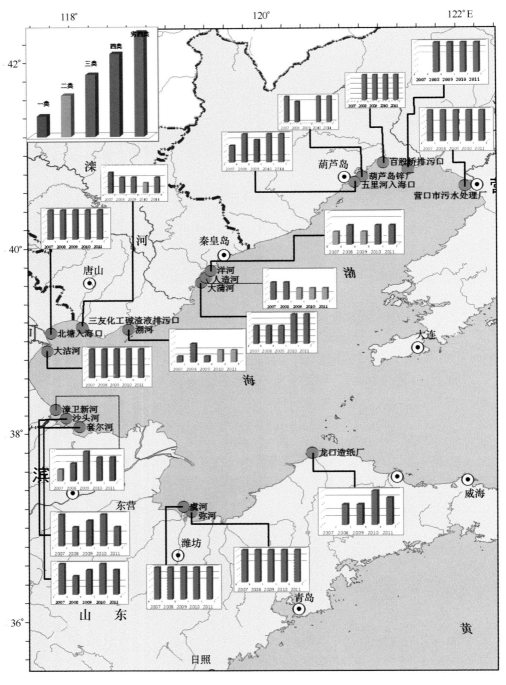

图 4.6　历年渤海部分入海排污口邻近海域水质类别（2007—2011 年）

陆源排污口污染物的输入可以改变排污口及邻近海域的营养盐平衡体系，导致排污口附近离子氨浓度较高，这对大多数浮游植物具有毒害作用，只有少数硅藻和一些蓝藻能适应这种环境。重点排污口邻近海域监测结果表明，靠近排污口的站位浮游生物种类丰富度和Sha-non多样性指数低于对照站位，只有少数硅藻和一些蓝藻等耐污种类存在，而轻度污染海域和清洁海域随着铵盐和总氮浓度的降低，浮游植物的种类数会显著增加。

　　排污口邻近海域沉积物环境受陆源排污长期累积影响更为显著，如图4.7所示，2006年以来，排污口邻近海域沉积物污染状况总体呈显著加重趋势，沉积物质量等级为第三类和劣于第三类的比例增大，沉积物质量等级为第一类的比例减小，主要污染物为石油类和重金属。

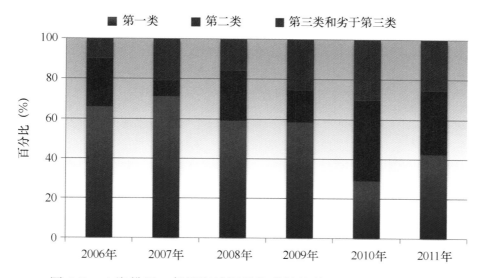

图 4.7　入海排污口邻近海域沉积物质量状况（2006—2011 年）

　　陆源排污口污染物的输入同样导致排污口邻近海域沉积物中有机物含量显著升高，氧化还原电位、含氧量、重金属含量以及底层水体中的营养盐状况等环境指标恶化，这一结果进一步导致一些适应丰富有机物环境的小型底栖动物如小头虫等的丰度增加，大型底栖动物种类和数量明显减少。对重点排污口邻近海域的调查发现，靠近排污口的邻近海域沉积物中底栖动物种类仅为 3 种，栖息密度 187 个/m²，生物量为 8.7 g/m²，随着距离排污口距离的增加，沉积物有机物含量显著下降，大型底栖动物的种类和数量会明显增加。1997 年该区域的调查结果显示，底栖动物种类数为 15，栖息密度为 1868 个/m²，生物量为 365.4 g/m²。年度对比结果可以发现，底栖动物的各项指标发生了显著的变化，说明陆源排污口长期带来的污染物对排污口邻近海域产生了累积影响，导致排污口附近海域的沉积环境恶化，影响了底栖动物的生存。

第四节　陆源入海排污口污水的生物毒性风险评估

当前监测与研究显示，我国渤海近岸生态环境恶化的趋势并未得到有效的遏制，其原因一方面是陆源排污的压力不减，另外一方面可能是陆源排污中有毒有害污染物的浓度和数量日益升高和复杂。

生物毒性评估目前已成为评价环境污染的必需手段之一，可弥补化学监测的不足。通过2008—2011年对渤海排海污水的生物毒性进行的连续监测与评估，对渤海排海污水的生物毒性及生态影响进行综合评估，为完善生物毒性监测技术和理化监测手段的相互协调统一，及生物毒性评价标准的制定提供理论支持。

一、污水生物毒性监测与评估方法

1. 监测站位

2008—2011年7~10月份连续4年对环渤海21个入海排污口进行了生物毒性监测，21个排污口中辽宁省7个、河北省7个、天津市2个、山东省5个，其中11个为工业排污口、5个为排污河、3个市排污口、2个其他排污口。所受纳污水所属行业包括造纸、化工、电镀、印染和污水处理等。具体信息如图4.8和表4.5。

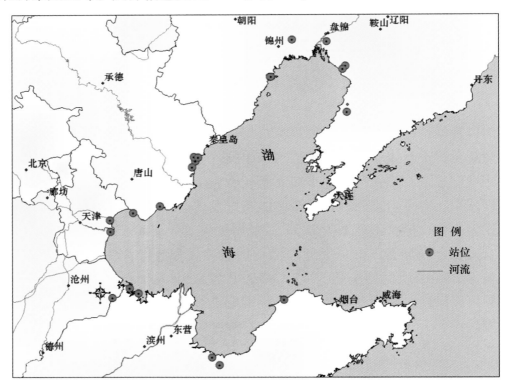

图4.8　渤海陆源入海排污口分布（生物毒性监测）

表 4.5 渤海陆源入海排污口生物毒性监测一览

排污河/口名称	所在省份	所在地市	排污口类型
金城造纸公司排污口	辽宁	锦州市	工业
百股桥排污口	辽宁	锦州市	排污河
营口市造纸厂排污口	辽宁	营口市	工业
营口市污水处理厂排污口	辽宁	营口市	工业
华锦集团排污口	辽宁	盘锦市	排污河
五里河入海口	辽宁	葫芦岛市	市政
葫芦岛锌厂排污口	辽宁	葫芦岛市	工业
人造河入海口	河北	秦皇岛市	工业
大蒲河入海口	河北	秦皇岛市	市政
洋河入海口	河北	秦皇岛市	工业
溯河入海口	河北	唐山市	工业
三友化工碱渣液排污口	河北	唐山市	工业
漳卫新河入海口	河北	沧州市	工业
北戴河西部污水处理厂排污口	河北	秦皇岛市	市政
大沽排污河口	天津	天津市	排污河
北塘入海口	天津	天津市	其他
沙头河河口	山东	滨州市	工业
套尔河河口	山东	滨州市	其他
虞河入海口	山东	潍坊市	排污河
弥河入海口	山东	潍坊市	排污河
龙口造纸厂排污口	山东	烟台市	工业

2. 生物毒性监测方法

本研究选用发光细菌（费歇尔弧菌）、藻类（中肋骨条藻和三角褐指藻）、甲壳类（卤虫幼体）、海水青鳉幼体和海水青鳉胚胎等 5 种不同生物的敏感阶段作为测试受体，测试终点包括发光细菌、中肋骨条藻、三角褐指藻、卤虫和海水青鳉幼体的短期急性毒性和海水青鳉胚胎发育的 14 d 慢性毒性，测试方法均参考相应的国标和国际标准执行，具体方法如表4.6 所示。

表 4.6 渤海排海污水生物毒性测试参考方法

种类	参考方法	毒性指标
发光细菌	ISO 11348-3：2007 水质：水样对弧菌类光发射抑制影响的测定（发光细菌试验）第 3 部分：冻干菌方法	15 min 发光抑制率（EC）
	GB/T 15441-1995 水质急性毒性的测定发光细菌法	
藻类	ISO 10253：2006 水质：中肋骨条藻和三角褐指藻进行海藻类生长抑制试验方法	24 h 生长抑制率（EC）
	GB 17378.4-2007：海洋监测规范第 7 部分，近海污染生态调查和生物监测	
甲壳类	ISO 6341：2012 Water quality-水质：甲壳类短期毒性测试方法	72 h 活动抑制率或致死率（LC）
	GB 17378.4-2007：海洋监测规范第 7 部分，近海污染生态调查和生物监测	
	GB 18420.2-2009：海洋石油勘探开发污染物生物毒性，第 2 部分：检	
鱼类	ASTM E1192-97（2008）水质：鱼类早期生活阶段毒性测试方法	96 h 致死率（LC）和 14 d 孵化率（EC）
	GB 17378.4-2007：海洋监测规范第 7 部分，近海污染生态调查和生物监测	
	GB 18420.2-2009：海洋石油勘探开发污染物生物毒性，第 2 部分：检测方法	

3. 生物毒性评价方法

当前针对污水生物毒性尚未形成统一的分级评价标准，此处采用相对简单的毒性效应方法进行评估，具体等级划分方法如表 4.7 所示。

表 4.7 污水生物毒性等级划分方法

毒性效应结果	毒性等级		管理措施建议
L（E）C<20%	I	低度风险	污水具有较低的短期毒性风险，可继续排放
20%≤L（E）C<50%	II	中度风险	污水具有中度短期毒性风险，在严格控制现有排放浓度和排放量的基础上，可继续排放
L（E）C≥50%	III	高度风险	污水具有较高短期毒性风险，在严格控制现有污染物排放浓度情况下，应适当降低排放量；或改进污水处理工艺消减污染物排放浓度

L（E）C 为污水对各受试生物的毒性测试结果（与对照相比），如发光细菌的发光抑制率、藻类的生长抑制率、甲壳类卤虫的死亡率、海水青鳉幼鱼的死亡率和海水青鳉胚胎的孵化率等；考虑到不同受试生物对同一样品的敏感程度不同，以最敏感（即毒性最高）的测试结果为这一排污口的最终评估结果。

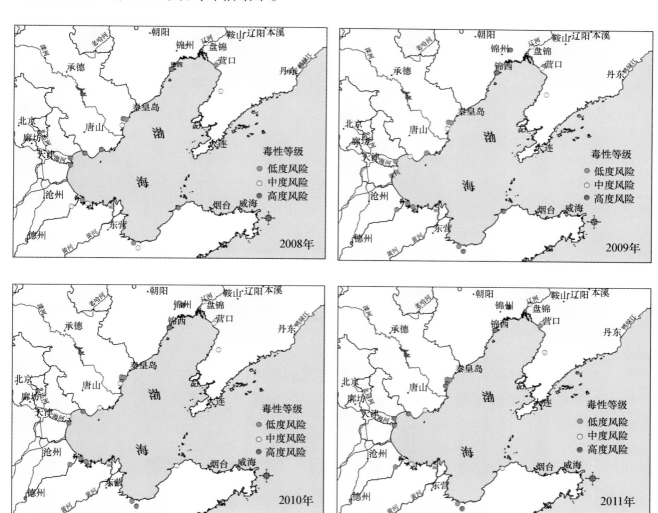

图 4.9 2008—2011 年渤海陆源排海污水生物毒性评价结果

二、渤海陆源排海污水生物毒性风险特征分析

生物毒性监测与评估是衡量污水及受纳水体综合环境影响的有效手段，是弥补现有化学监测不足的重要内容。评估结果不仅可反映水体对海洋生物的短期影响，还可预测对受纳水体生态系统的长期潜在危害，是制定入海排污监管策略与环境风险评估的有力科学支撑。2008—2011 年连续 4 年对渤海陆源排海污水的生物毒性监测与评估发现，渤海近岸入海污水的毒性危害不容乐观，尤其是工业排污口和排污河的毒性风险及有毒有害污染物含量居高

不下。在评价的 21 个排污口中，约 70%的排海污水对海洋生物具有中度以上的毒性风险，31%具有高度风险，其中，金城造纸、葫芦岛锌厂、大沽河、三友化工排污口、人造河、虞河和龙口造纸厂等 7 个排污口污水连续 3 年呈现高度风险，这些排海污水对藻类生长、甲壳类生长和鱼类发育与繁殖都会造成显著的影响。总体上，渤海湾近岸排海污水对海洋生物的毒性风险高于辽东湾和莱州湾，莱州湾相对较低；源于排污河的污水毒性高于工业、其他和市政污水，排污河中毒性最为明显的分别为人造河、大沽河和虞河。渤海陆源排海污水的生物毒性风险的空间分布特征可能与流域内的产业分布格局及经济发展密切相关，辽东湾沿岸流域区域主要以重工业、冶金和石化产业为主，各行业污水组分复杂，且现有污水处理工艺难以将大部分有机物和重金属进行完全处理，因此导致毒性风险较高；渤海湾沿岸流域区域内以装备制造、石油化工和钢铁等工业产业为主，污水类型也多为工业污水或工业污水混合的排污河，这些污水中可能富含有机物和重金属等有毒有害污染物，这可能是导致该区域排海污水毒性风险较高的原因；莱州湾流域区域内以农业和造纸等工业为主，污水类型多为农业面源污染的排污河，这些污水中可能富含营养盐和各类农药或杀虫剂等污染物，与辽东湾和渤海湾相比，这类污水毒性相对较低。

2008 年以来的监测结果表明，环渤海约 30%的排污口污水呈高度毒性风险，40%的排污口污水呈中度毒性风险，排污口高毒污水的排放造成邻近海域海洋环境毒性风险水平增高。

生物毒性监测是一种"暗箱"式监测手段，尽管不能揭示污水含有哪些污染物及浓度，却能综合反映污水对生物的毒性大小或危害程度，将化学监测与生物毒性监测相结合，可以真实、综合和全面地评估排海污水或污染物对生态的危害。因此，生物毒性监测具有巨大的生命力，将在今后的排污风险筛查、生态影响评估和排污监管等领域发挥巨大的作用和贡献。

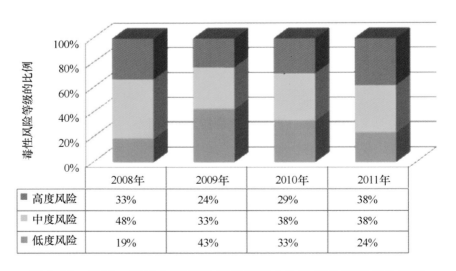

	2008年	2009年	2010年	2011年
高度风险	33%	24%	29%	38%
中度风险	48%	33%	38%	38%
低度风险	19%	43%	33%	24%

图 4.10　2008—2011 年渤海陆源排海污水生物毒性等级变化情况

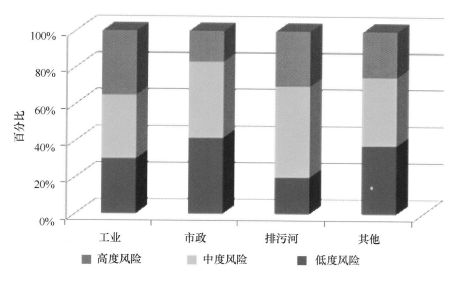

图 4.11　环渤海不同类型陆源排污口生物毒性评价结果

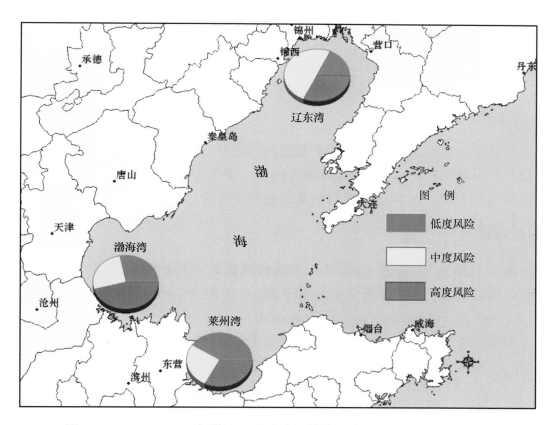

图 4.12　2008—2011 年渤海三大湾陆源排海污水的生物毒性评价结果

第五章　沿岸陆源排污管理区与近岸海域水质的响应关系

第一节　渤海水动力过程模拟

利用美国 Rutgers 大学研制的区域海洋模拟系统（Regional Ocean Modeling System，以下简称 ROMS，官方主页 https：//www. myroms. org）开展辽东湾污染物环境承载力的评估工作。该模型是一个广为使用的海洋模型，基于模块化设计，提供多种离散方案、多种水平和垂向涡动系数的计算方案、多种边界处理方法以适应不同研究内容，并提供与大气、生态、波浪、沉积物输运等几种过程耦合的模块和数据同化模块，以满足不同用户模拟研究的需要。

一、模型配置

1. 计算区域

本研究的计算区域包括整个渤海和北黄海的一部分（图 5.1），计算区域范围为 37. 0°—41. 1°N，117. 5°—122. 5°E，东边界为外海开边界，设在 37°—41. 1°N，122. 5°E 连线处，其余 3 个边界均为闭边界。这样设置的目的是尽量减少开边界对辽东湾流场的影响。

2. 地形和网格

根据海图（11500）和海图（10011）提取计算区域水深与等深线数值，计算中将区域水深数据统一订正到 85 黄海高程（平均海平面）；使用 Seagrid 软件（下载地址：http：//woodshole. er. usgs. gov/operations/modeling/seagrid/seagrid. html）生成渤海大尺度模型的计算网格，并进行网格正交化，水平方向网格格点数为 600×600，网格间距 $\triangle x$ 约为 720 m，$\triangle y$ 约为 780 m，垂向分 11 层；将地形数据插值到模式的网格点上。

3. 计算方案

模型自 2010 年 7 月 16 日起进行 60 d 的潮汐、潮流计算，流场计算时间步长为 30 s。开边界处通过给出实时变化的水位以驱动模型运行，在本研究中选取 M_2、S_2、O_1、K_1、N_2、K_2、P_1、Q_1、M_f、M_m 10 个主要分潮来计算水位。开边界采用水位强迫条件，即：

$$\zeta = A_0 + \sum_i f_i H_i \cos[\sigma_i t + (v_{0i} + u_i) - g_i]$$

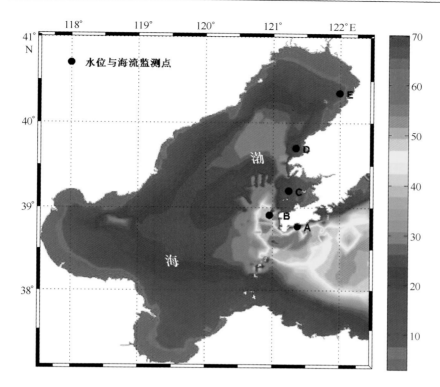

图 5.1 渤海的地形及计算区域

式中：ζ 为开边界的实时预报水位；A_0 为平均海平面在潮高基准面上的高度；σ 是分潮的角速率；H 和 g 为分潮的调和常数，从渤海、黄海、东海海洋图集（水文）上提取；v_0 是分潮的格林威治天文初相角，取决于计算的起始时刻，f 和 u 为分潮的交点因子和交点订正角，均由潮汐预报模块计算获得。

模型计算的初始条件为：

$$\eta(x, y, t_0) = 0, \quad U(x, y, t_0) = 0, \quad V(x, y, t_0) = 0。$$

即模型从静止状态开始启动计算。

二、模型验证

于 2010 年分别在渤海海峡北部和辽东湾口蛇岛附近海域外布设了坐底式 ADCP 监测站位 A（38.8°N，121.42°E）和 B（38.911°N，120.955°E）来监测水位、流速和流向的长期变化。提取 A 站位 2010 年 8 月 8 日 0 时起 96 h（2010 年 8 月 8 日 0 时~8 月 12 日 0 时）流速、流向的监测数据，B 站位 2010 年 9 月 11 日 0 时起 96 h 时间间隔内（2010 年 9 月 11 日 0 时~9 月 15 日 0 时）水位、流速、流向的监测数据，与模拟值进行比对。

图 5.2 是渤海海峡北部 A 站位 4 d 的监测值与模拟值的比较，红线表示模拟结果，蓝点表示监测结果。渤海海峡 A 站位的表层流速最大值不超过 1.0 m/s，中层流速最大值不超过 1.1 m/s，底层流速最大值不超过 0.8 m/s。对比发现，渤海海峡 A 站位表层模拟结

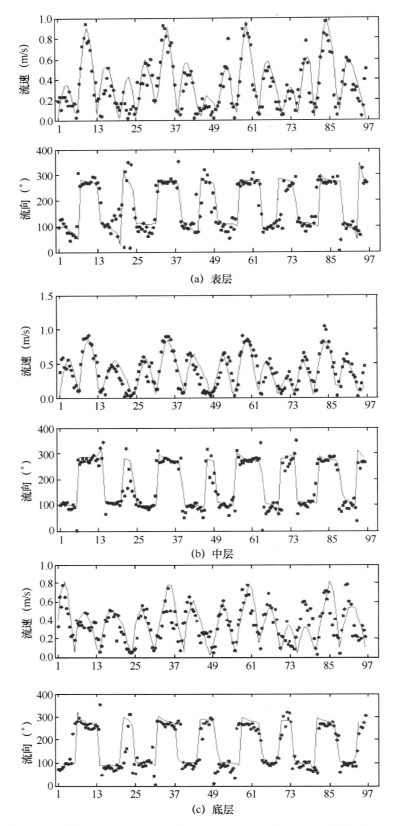

图 5.2　渤海海峡北部 A 站位流速、流向监测值与模拟值的比对

果与验证结果拟合良好，流速误差的绝对值平均为 0.14 m/s，流向误差的绝对值平均为 29.23°；中层流速误差的绝对值平均为 0.11 m/s，流向误差的绝对值平均为 28.47°；底层流速误差的绝对值平均为 0.18 m/s，流向误差的绝对值平均为 27.32°，计算精度满足指标要求。

图 5.3 是辽东湾口 B 站位 4 d 的监测值与模拟值的比较。辽东湾口 B 站位的水位不超过 1 m；表层流速最大值不超过 1.2 m/s，中层流速最大值不超过 1.2 m/s，底层流速最大值不超过 0.9 m/s。对比发现，辽东湾口蛇岛附近站位表层模拟结果与验证结果拟合良好，水位误差的绝对值平均为 0.08 m，流速误差的绝对值平均为 0.14 m/s，流向误差的绝对值平均为 23.24°；中层流速误差的绝对值平均为 0.13 m/s，流向误差的绝对值平均为 15.47°；底层流速误差的绝对值平均为 0.11 m/s，流向误差的绝对值平均为 26.36°，计算精度满足指标要求。

2010 年，在金普湾中部、复州湾中部和辽东湾顶部海域布设了三台坐底式 ADCP，来监测水位、流速和流向的长期变化。所用的仪器是美国浅海公司的 Flowquest，采样频率为 0.5 h。通过模拟数据与监测数据的对比来验证数值模型的可靠性。由于观测点的水深较浅，因此仅取中层海流进行比对和分析。

图 5.4（a）是金普湾口 C 站位 4 d 的监测值与模拟值的比较。可以看出，金普湾口的潮波系统具有典型前进波的特点，即最大潮流发生在高潮和低潮期间，高潮时，流向指向北，低潮时，流向指向南，海流呈现明显的往复流特征；金普湾口的水位变化在 -1~1 m 之间，流速最大值不超过 0.9 m/s。从比对结果来看，金普湾站位水位误差的绝对值为 0.14 m，流速误差的绝对值平均为 0.08 m/s，流向误差的绝对值平均为 17.23°，满足指标的要求。

图 5.4（b）是复州湾口 D 站位 4d 的监测值与模拟值的比较。可以看出，复州湾口的潮波系统兼具前进波和驻波的特点，海流呈现明显的往复流，涨潮时，流向指向东北，落潮时，流向指向西南；复州湾口的水位变化在 -1~1.1 m 之间，流速最大值不超过 0.9 m/s。从比对结果来看，复州湾站位水位误差的绝对值为 0.14 m，流速误差的绝对值平均为 0.09 m/s，流向误差的绝对值平均为 20.56°，满足指标要求。

图 5.4（c）是辽东湾顶部 E 站位 4 d 的监测值与模拟值的比较。可以看出，辽东湾顶部的潮波系统具有典型驻波的特点，即最大潮流发生在涨潮和落潮中间时，涨潮时，流向指向北，落潮时，流向指向南，海流呈现明显的往复流特征。辽东湾顶部的水位变化范围在 -2~1.9 m 之间，流速最大值超过 0.9 m/s。从比对结果来看，水位误差的绝对值为 0.20 m，流速误差的绝对值平均为 0.07 m/s，流向误差的绝对值平均为 16.19°，满足指标要求。

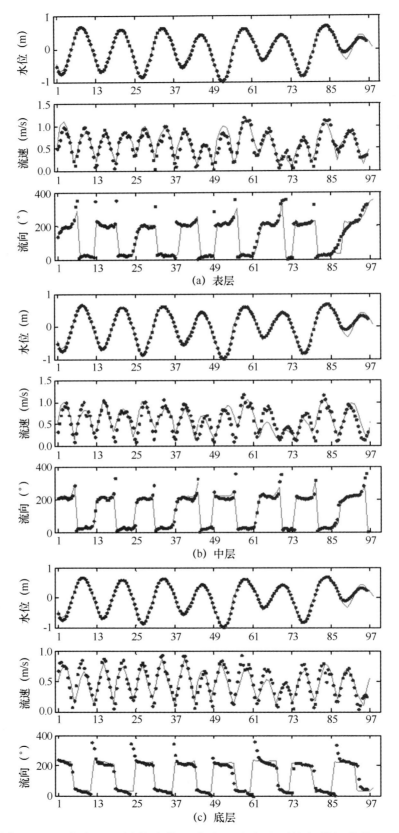

图 5.3 辽东湾口 B 站位水位、流速、流向监测值与模拟值的比对

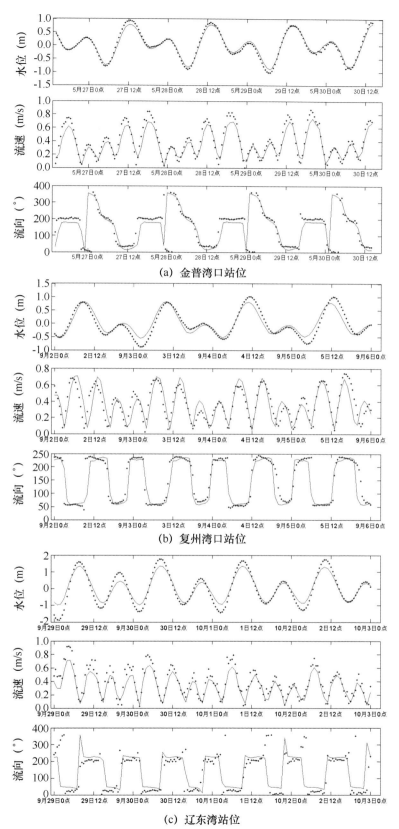

(a) 金普湾口站位

(b) 复州湾口站位

(c) 辽东湾站位

图 5.4　金普湾口、复州湾口、辽东湾水位、流速、流向监测值与模拟值的比对

从上述验证结果可以看出，所建立的渤海-辽东湾水动力模型在宏观上能够反映辽东湾潮汐潮流的基本特征及变化规律，微观上模拟结果满足模型指标要求，因此所建立的模型是可信的，可以在此基础上进一步研究主要污染物的输运过程。

第二节　陆源排海污染物输运过程模拟

基于上节建立的渤海水动力模型，建立陆源排海污染物输运模型，用于模拟污染物在海水中的输移扩散过程。描述污染物在海洋中运动的基本方程如下。

$$\frac{\partial C}{\partial t} + u\frac{\partial C}{\partial x} + v\frac{\partial C}{\partial y} + w\frac{\partial C}{\partial z} = \frac{\partial}{\partial x}\left(A_H\frac{\partial C}{\partial x}\right) + \frac{\partial}{\partial y}\left(A_H\frac{\partial C}{\partial y}\right) + \frac{\partial}{\partial z}\left(K_H\frac{\partial C}{\partial z}\right) - rC$$

式中：

t ——时间，单位为秒（s）；

x，y，z ——空间三个方向的坐标，单位为米（m）；

u，v，w ——流速的东分量、北分量和垂直分量，由水动力模型计算得到，单位为米每秒（m/s）；

K_H ——垂直扩散系数，由湍流封闭模型计算得到，单位为平方米每秒（m²/s）；

A_H ——水平扩散系数，由 Smagorinsky 公式计算得到，单位为平方米每秒（m²/s）；

C ——污染物浓度，单位为毫克每升（mg/L），在实际计算中转化为千克每立方米（kg/m³）；

r ——污染物的降解系数，当 $r=0$ 时，为保守性物质，否则为非保守性物质。

污染物控制方程的海面、海底边界条件为：

$$K_H\frac{\partial C}{\partial z} = -wC(0)，\quad z = h \quad K_H\frac{\partial C}{\partial z} = 0，\quad z = H$$

即不考虑海面和海底的污染物通量。

在源强位置，水质方程的边界条件为：

$$Q(x_0，y_0，z_0) = Q_0，\quad C(x_0，y_0，z_0) = C_0$$

式中：

h ——海面起伏，单位为米（m）；

H ——总水深，单位为米（m）；

$-wC(0)$ ——海面的污染物通量，单位为千克每平方米秒（kg/（m²·s））；

x_0，y_0，z_0 ——污水排放处空间三个方向的坐标，单位为米（m）；

Q_0 ——各汇水单元入海污染物的体积流量，单位为立方米每秒（m³/s）；

C_0 ——各汇水单元入海污染物的浓度，单位为毫克每升（mg/L），在实际计算中转化为千克每立方米（kg/m³）。

根据排污管理区源强监测数据（表3.13），模拟得到"十一五"期间各种污染物在渤海海域分布的平衡浓度场，模拟结果呈现出污染物浓度由近岸向湾中部逐渐降低的趋势，与海上监测结果基本一致（图5.5），部分区域的差别可能是由于海水中的污染物浓度存在着一定的季节变化和年际变化而导致的。综上所述，模拟结果和调查结果吻合较好，所建立的水质模型较可信。

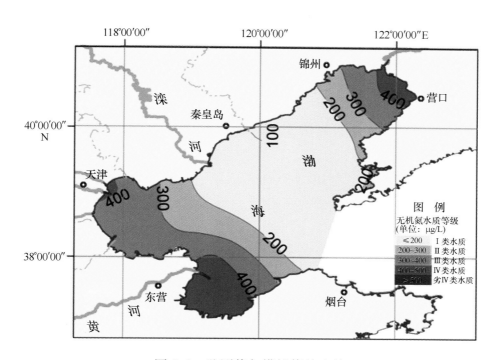

图5.5　监测值与模拟值的比较

第三节　源-汇响应系数场的构建

响应系数场定义为某个污染源在单位源强单独排放情况下所形成的浓度分布场。对于实际海洋环境尤其是海岸型海域，海水中污染物浓度在受各种物理、化学和生物迁移-转化过程影响的同时，还受各种污染源，特别是陆源排海污染物的影响，结果使其可见分布表现出一定规律，一般可称为污染物浓度场。进一步讲，对于目标海域污染物浓度场，由于污染源布局、排海通量、分配率等有所差异，各个污染源对不同水团的浓度场影响不尽相同。这样，在一定水文、气象等环境条件下，对于目标海域 i 水团的浓度场 C_i，往往是由多个"j"污染源单独排放条件下所形成的浓度场 C_{ij} 共同作用的结果。这里，可将"j"污染源在单位源强单独排放条件下所形成的浓度分布场定义为"j"污染源响应系数场，即：

$$\alpha_{ij} = \frac{C_{ij}}{Q_j}$$

式中：

α_{ij}——目标海域 i 点处水团对第 j 个污染源的响应系数；

Q_j——第 j 个污染源的入海源强，单位为 t/a 或 kg/s；

C_{ij}——第 j 个污染源单独排放下在 i 点水团处形成的浓度场，单位为 mg/L 或 μg/L。

为了表示不同污染源对目标海域污染物浓度场影响，可以将 C_{ij} 占 C_i 的比例定义为"j"污染源的浓度场分担率，即

$$\gamma_{ij} = \frac{C_{ij}}{C_i}$$

浓度场分担率反映了浓度场对污染源的影响程度，γ_{ij} 越大，表示"j"污染源对目标海域 i 水团中污染物浓度的影响越大，反之亦然。

以 1×10^4 t/a 为单位源强，利用本项研究所建立的水质模型模拟环渤海 24 个排污管理区主要入海点（下面以主要河流名称表示，见表 3.11）单独排放条件下所形成的污染物浓度分布场，即各主要入海点（河流）的响应系数场（如图 5.6～5.8 所示）。可以看出，各入海点（河流）的响应系数场均以河口为浓度中心呈扇形或舌状向周围海域逐渐递减。

一、辽东湾沿岸

辽东湾东岸大连-普兰店陆源排污管理区（鞍子河）和瓦房店市陆源排污管理区（复州河）分别位于大连市的普兰店湾和复州湾。这两个海区岸线曲折，水域狭窄，海水流动缓慢且水交换能力较弱，易造成局部海域的严重污染。模拟结果显示，复州河口附近浓度达到 1.05 mg/L，鞍子河口附近浓度达到 0.72 mg/L。此外，熊岳市（熊岳河）和盖州市排污管理区（大清河）位于辽东湾湾顶，水动力也较差，河口区浓度分别为 0.64 mg/L 和 0.96 mg/L。

辽东湾顶部的 4 个排污管理区（大辽河、辽河、大凌河和小凌河）近岸海域水深较浅，致使排放入海的污染物在点源附近滞留积聚，污染物高浓度区范围较大。比较这 4 个河口附近浓度，辽河最高，达 1.67 mg/L；大辽河次之，达 0.58 mg/L；大凌河最低，约为 0.52 mg/L。综上，辽河口由于水深较浅且远离外海，所以水交换能力弱，污染物入海后易给邻近海域造成严重污染。

辽东湾西岸 6 个排污管理区（五里河、六股河、石河、新开河、洋河和滦河）岸线平直，水深流急，污染物进入水体之后会很快地在水动力的作用下被稀释输运，因此不会造成较大的高浓度区。比较河口附近浓度，洋河最高，达 0.64 mg/L，五里河次之，约为 0.60 mg/L，石河最低，约为 0.35 mg/L。

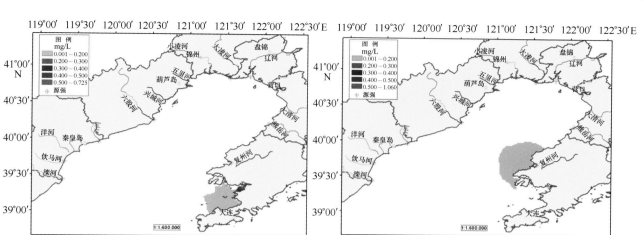

（a）鞍子河　　　　　　　　　　　　　（b）复州河

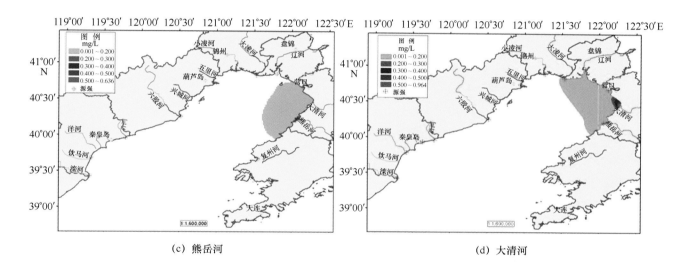

（c）熊岳河　　　　　　　　　　　　　（d）大清河

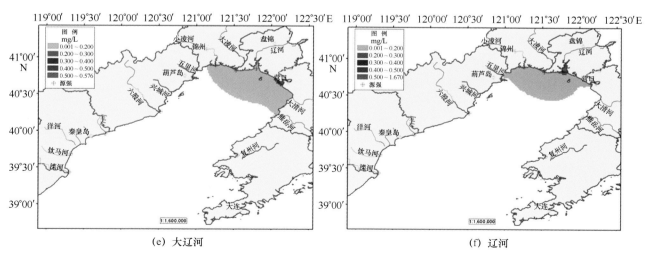

（e）大辽河　　　　　　　　　　　　　（f）辽河

图 5.6　辽东湾污染物响应系数场（一）

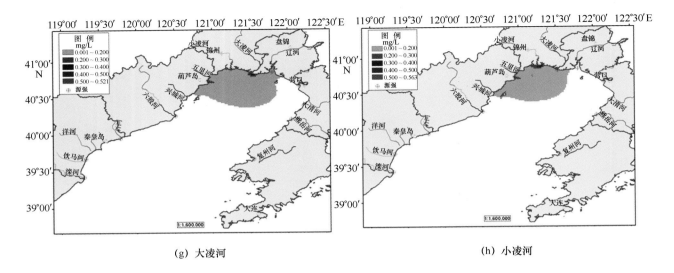

(g) 大凌河   (h) 小凌河

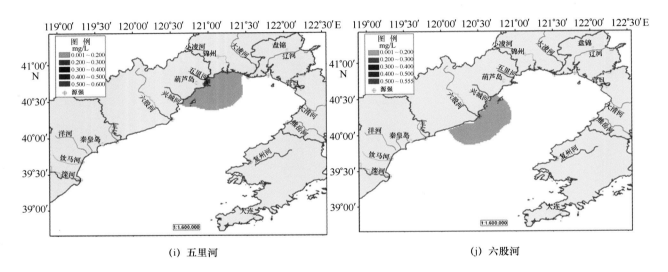

(i) 五里河   (j) 六股河

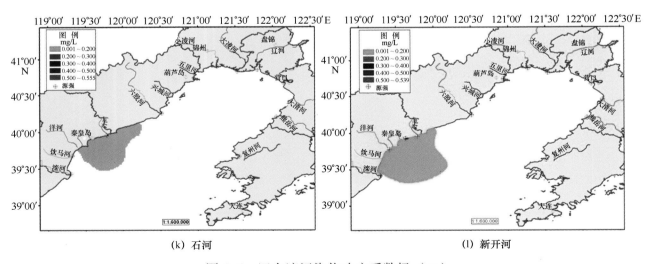

(k) 石河   (l) 新开河

图 5.6　辽东湾污染物响应系数场（二）

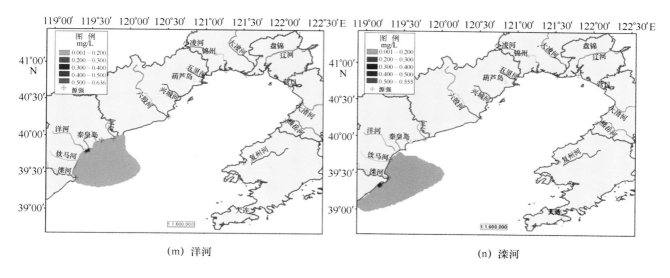

（m）洋河　　　　　　　　　　　　　　　　（n）滦河

图 5.6　辽东湾污染物响应系数场（三）

二、渤海湾沿岸

渤海湾沿岸水交换能力较弱，易造成局部海域的严重污染。沿岸主要汇水区入海点均存在浓度较高的缓冲区。其中，渤海湾中部和北部沿岸的水体交换能力最差，虽然污染物入海量与秦皇岛近岸和兴-绥沿岸相近，但河口污染物浓度比之高近 0.3 mg/L，且缓冲区面积也相对较大；渤海湾南部水动力相对较强，徒骇马颊河排污管理区污染物源强与中部和北部 4 个管理区的源强之和相近，但河口最高浓度仅 0.53 mg/L，缓冲区面积与其他 4 个管理区差异不大（图 5.7）。

三、莱州湾沿岸

莱州湾沿岸水交换能力较强，但湾顶区水动力条件较差，易造成局部海域的严重污染。东营排污管理区（黄河）污染负荷最大，缓冲区面积也相对较大，但河口区最高浓度仅 0.35 mg/L；湾顶小清河和潍坊排污管理区（白浪河）源强虽然比黄河小近 1 个数量级，但河口最高浓度达 0.69 mg/L 和 1.07 mg/L（图 5.8）。

综上所述，虽然每个点源源强都是相同的输入量（单位强度），但由于不同海域的物理自净能力各异，导致其响应系数场在量值和空间分布上有较大差别。

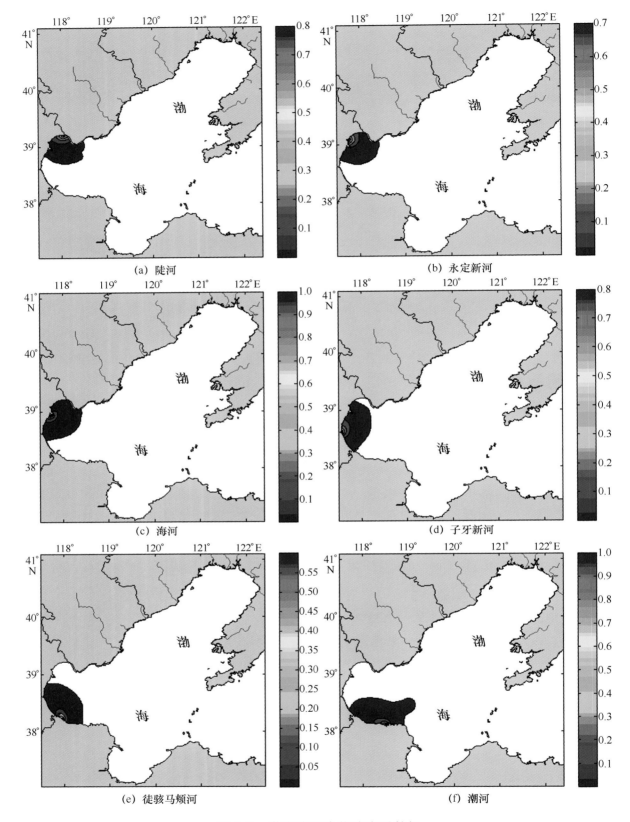

图 5.7　渤海湾污染物响应系数场

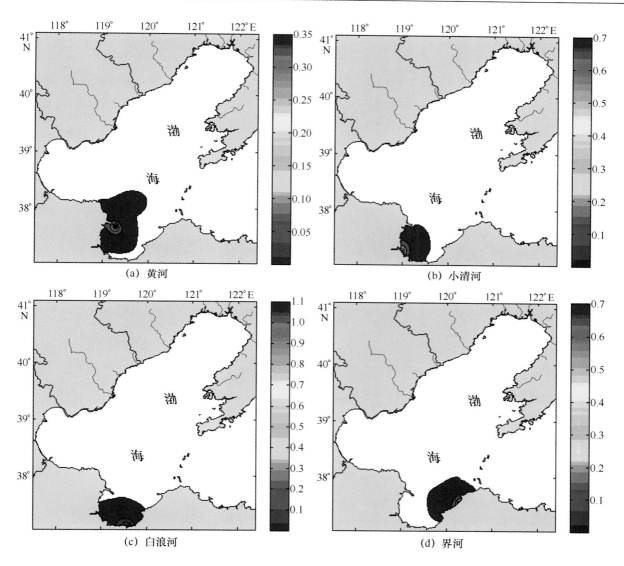

图 5.8　莱州湾污染物响应系数场

第四节　陆源排污管理区对近岸海域环境影响的综合分析

一、渤海沿岸陆源排污管理区与近岸海域水质的污染响应关系

从水质模拟与监测结果的对比可以看出，陆源排污管理区污染物排放对近岸海域水质状况具有十分重要的贡献，是影响近岸海域环境质量的主要因素之一。表 5.1 给出了渤海沿岸24 个陆源排污管理区与近岸海域水质的污染响应关系。

表 5.1　陆源排污管理区与近岸海域水质的污染响应关系

序号	陆源排污管理区	污染物入海量（t/a）			陆源排污特征	主要影响海域特征	
		COD$_{Cr}$	DIN	DIP		主要影响海域范围	主要污染指标
1	大连-普兰店陆源排污管理区	70466	9044	503	主要来源于城镇生活污水和港口物流、造船等工业污水。红旗河、鞍子河等排污河是 COD、氨氮、总磷等污染物的主要来源，源强较大	主要为金州湾、普兰店湾和营城子湾	90%站位无机氮超标
2	瓦房店市陆源排污管理区	12684	5979	1018	主要以流域内生产生活污水和沿岸装备制造业、石油化工等工业污水为主，通过工业排污口、排污河和河流入海。复州河是污染物的主要来源	主要为金州湾和长兴岛局部海域	无机氮
3	熊岳市陆源排污管理区	4883	3249	162	沿岸主要以杂货码头、修船工业、物流为主，未监测排污口，主要污染物来源于熊岳河流域内的输入，污染源强较小	主要为鲅鱼圈码头和熊岳市邻近海域	无机氮、活性磷酸盐、石油类
4	盖州市陆源排污管理区	5981	5194	255	主要来源于大清河流域内的输入，污染源强较小	污染海域主要为盖州近岸海域	无机氮、活性磷酸盐和石油类
5	营口市大辽河陆源排污管理区	233466	56146	676	主要以大辽河流域内生产生活污水和沿岸化工、冶金、重装备等工业污水为主，其中大辽河是主要污染源	营口大辽河河口和盘锦盖州滩外海域	无机氮和活性磷酸盐，富营养化严重
6	盘锦市辽河陆源排污管理区	138631	25513	268	主要以辽河流域内生产生活污水和沿岸海洋石油工程、船舶制造、石油化工、临港物流等工业污水为主。其中辽河是入海 COD、氨氮、总磷的主要污染源，部分工业排污口 PAHs 较高，且部分年份苯并（a）芘超标	辽河口和锦州附近辽东湾湾顶海域	活性磷酸盐、无机氮、石油类、COD，富营养化严重

续表

序号	陆源排污管理区	污染物入海量（t/a）			陆源排污特征	主要影响海域特征	
		COD_{Cr}	DIN	DIP		主要影响海域范围	主要污染指标
7	锦州市大凌河陆源排污管理区	33406	30317	839	主要以大凌河流域内生产生活污水和有色金属、造纸业等工业污水为主，大凌河是主要污染源	大凌河河口邻近海域	COD、无机氮、活性磷酸盐、石油类
8	锦州市小凌河陆源排污管理区	18607	16057	697	主要以小凌河流域和沿岸石油化工、有色金属加工、港口等工业污水为主	小凌河邻近海域和锦州湾	COD、无机氮、活性磷酸盐、石油类
9	葫芦岛市陆源排污管理区	55658	9328	575	主要以沿岸城镇生活污水和石油化工、金属冶炼、港口等工业污水为主，五里河是主要污染源。COD、氨氮、总磷污染负荷较大，并存在汞、镉、砷、铅、锌等重金属和PAHs、PCBs等有毒有害污染物同时超标	锦州湾	COD、无机氮、活性磷酸盐、石油类、锌、镉、铅等重金属
10	兴-绥近岸陆源排污管理区	21822	12175	848	主要以河流流域和沿岸酒水酿造、针织服务、塑胶制品、金属冶炼、新能源与新材料等工业污水为主，兴城河、烟台河和六股河是主要污染源	主要集中在兴城河、烟台河、六股河河口近岸海域	无机氮、活性磷酸盐、铅和锌
11	秦皇岛山海关陆源排污管理区	4588	1333	73	主要以港口航运、旅游娱乐、临港工业建设等工业污水和城镇生活污水为主。主要污染物源强较小	主要集中于秦皇岛山海关排污口和河流入海口邻近海域	活性磷酸盐、石油类
12	秦皇岛陆源排污管理区	2736	348	27	主要以港口航运、旅游娱乐、城镇生活等生产生活污水为主	主要集中于秦皇岛排污口和河流入海口邻近海域	—

| 序号 | 陆源排污管理区 | 污染物入海量（t/a） | | | 陆源排污特征 | 主要影响海域特征 | |
		COD_{Cr}	DIN	DIP		主要影响海域范围	主要污染指标
13	秦皇岛北戴河陆源排污管理区	18212	2605	469	主要以造纸、酿造、养殖和农产品加工、港口、滨海旅游、城镇生活等生产生活污水为主。其中大蒲河、人造河等排污河是主要污染源，COD、氨氮、活性磷酸盐和粪大肠菌群等超标严重	主要集中于秦皇岛北戴河近岸海域，特别是大蒲河、人造河、洋河等入海口邻近海域	COD、活性磷酸盐、粪大肠菌群
14	滦河陆源排污管理区	15678	14843	1015	滦河入海口上游钢铁采矿、冶炼、制造行业的工业废水是重金属主要来源，COD、氨氮、总磷等主要来源于农业生产和生活污水	滦河口近岸海域	无机氮、锌、汞、镉、砷和铅等重金属
15	唐山市陆源排污管理区	17662	6741	426	主要是油气勘采、海洋化工、新材料、港口航运、滨海旅游、养殖区、盐场等行业和流域内农业生产生活以及城镇生活污水，COD污染源强较大，但分散于唐山沿岸海域	主要集中在邻近天津的陡河近岸海域	无机氮、活性磷酸盐、石油类、铬和铜
16	海河北系陆源排污管理区	21974	14986	1815	主要以城镇生活污水为主，悬浮物、氨氮和总磷超标严重	天津汉沽和塘沽北部近岸海域，尤以北塘口入海口附近海域污染严重	活性磷酸盐、无机氮和COD
17	海河干流陆源排污管理区	18075	6751	250	沿岸制造业、海洋化工、石油化工等化工产业、海港物流、海滨休闲旅游以及流域内接纳的北京、天津的城市生产生活污水。污染源强较大	塘沽区近岸海域	COD、无机氮、活性磷酸盐、石油类、滴滴涕、多氯联苯、砷、镉和铅
18	海河南系陆源排污管理区	26778	1786	1100	主要是海河各支流流域内生产生活污水，COD、总磷和悬浮物超标严重	天津大港区和沧州黄骅近岸海域	

续表

序号	陆源排污管理区	污染物入海量（t/a）			陆源排污特征	主要影响海域特征	
		COD$_{Cr}$	DIN	DIP		主要影响海域范围	主要污染指标
19	徒骇马颊河陆源排污管理区	78617	34040	2393	主要是徒骇河和马颊河流域内农业、工业以及城镇生活污水为主，沿岸港口运输、石油和海盐化工等工业污水量贡献相对较小	沧州海兴县和滨州近岸海域	COD、无机氮、活性磷酸盐
20	滨州市陆源排污管理区	7200	1212	73	主要以沿岸港口运输、石油和海盐化工产业和潮河等流域农业生产生活和城镇生活污水为主，污染源强较弱	滨州近岸海域	无机氮
21	东营市陆源排污管理区	360225	12419	468	COD、无机氮和活性磷酸盐主要来源于黄河流域生产生活的输入，沿岸石油化工、精细化工、港口运输等工业污染源源强较弱	黄河口及其邻近海域	无机氮、活性磷酸盐、石油类、悬浮物
22	小清河陆源排污管理区	24713	26772	1242	小清河流域内电子信息、汽车及零部件、新能源、石油装备、新材料、有色金属等工业和城镇生产生活污水是主要污染源	小清河河口及其邻近海域	无机氮、活性磷酸盐和石油类
23	潍坊市陆源排污管理区	36821	3989	419	潍河、弥河等小流域和沿岸船舶发动机和汽车制造、海洋化工等工业和城镇生活污水是污染物主要来源，部分工业排污口挥发酚超标	潍坊近岸海域	无机氮、活性磷酸盐和石油类
24	烟台市陆源排污管理区	31293	9189	632	主要是沿岸化工、有色金属以及酿造等行业工业污水和城镇生活污水，COD、氨氮和总磷源强较大，但分散于沿岸海域，污染压力相对较小	莱州、招远和龙口近岸海域	无机氮和石油类

二、秦皇岛北戴河陆源排污管理区对邻近海域环境影响的综合研究

为了进一步了解渤海沿岸陆源排污管理区对邻近海域生态环境的影响，选择秦皇岛北戴河排污管理区开展典型案例研究，主要研究区域内多个陆源入海污染源对邻近海域海水、沉积物、生物、富营养化和底栖生物等指标的综合影响范围、程度和累积效应等。

1. 研究方案设计

示范区域选取：依据排污量大、排污主体有代表性、邻近海域存在敏感功能区的原则，选定秦皇岛市沿岸大蒲河入海口、人造河入海口和洋河入海口 3 个主要陆源污染源，其污水日排海量均超过万吨，其中大蒲河入海口和洋河入海口的流量超过了 $3×10^4$ t/d，3 个排污口的类型均为排污河。秦皇岛近岸海域的主要海洋功能区类型为度假旅游区，附近分布有海水浴场，国家级自然保护区并散布着少量不合法的养殖区，功能区相对集中。

监测站位布设：根据国家海洋局《陆源入海排污口及邻近海域环境监测与评价技术指南》中监测范围和监测断面的计算结果以及站位布设原则，排污口邻近海域水质监测混合区半径内设置 1 个站位，混合区边缘控制线上布设 3 个站位，邻近海域外边缘控制线布设 3 个站位，邻近海域中部控制线布设 3 个监测站位，在邻近海域外边缘控制线外侧 500 m 处应布设 1 个对照站位，其中 AL5、AL8、BL5、BL7、BL8、BL10、CL7 和 CL10 八个站位考虑到邻近海域对滨海旅游功能区的影响，设置在功能区范围内，CL5 和 CL8 两个站位考虑到大蒲河邻近海域对自然保护区的影响，设置在保护区范围内。沉积物和生物监测站位分别在混合区内站位、对照站位和三条监测断面各选择 1 个以上代表性站位，总数量不少于 5 个；在大蒲河和人造河口之间分布有纬四路和一经路黄金海岸浴场，大蒲河南部海域分布有昌黎黄金海岸国家级自然保护区，为了进一步评价排污口对功能区的影响，在各个功能区中间范围分别设置 1 条断面，每个断面设置 3 个站位，邻近海域及功能区站位布设如图 5.9 所示。

2. 入海排污口对邻近海域的综合影响范围

根据三个排污口历年流量和水文监测数据可知，三个排污口的流量均大于 $10×10^4$ t/d，平均水深在 4.0~4.5 m 范围之内，平均流速为 0.3 m/s。按照新修订指南中邻近海域"最大理论流速等级表"和"单宽流量强度 K 的经验系数表"，依据排污口混合区计算方程，可以求出洋河、大蒲河和人造河口三个排污口的理论混合区半径分别为 418 m、403 m 和 333 m，三个排污口的混合区半径均小于 500 m；依据最大扩散距离估算公式可知，三个排污口的最大扩散距离分别为 2.1 km、2.0 km 和 1.7 km。

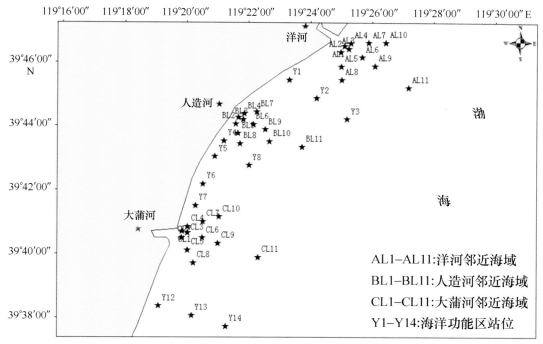

图 5.9　秦皇岛示范验证邻近海域海水站位布设

表 5.2　洋河、人造河口和大蒲河磷酸盐和无机氮污染指数

站位布设	洋河		人造河		大蒲河	
	PO_4^{3-}	DIN	PO_4^{3-}	DIN	PO_4^{3-}	DIN
混合区内部站位	2.18	1.28	2.92	1.37	3.62	1.80
混合区边缘线	2.12	1.47	3.19	1.79	2.70	1.79
中部控制线	2.16	1.40	2.80	1.48	1.69	1.42
外围线	0.56	0.84	0.69	0.72	0.94	1.03

　　邻近海域水质质量评价的结果表明，洋河、人造河口和大蒲河邻近海域的主要超标污染物为磷酸盐和无机氮，表 5.2 为三个排污口磷酸盐和无机氮相对功能区质量要求的污染指数。由表可知，三个排污口的邻近海域混合区边界线、中控线和外围线范围内的水质均超过二类海水质量标准，为劣四类水质，但随着离岸距离的增加，海水的水质逐渐好转，距岸1.5 km外的监测结果表明，海水的水质基本达到功能区水质要求。该结果表明，沿岸直排口对邻近海域的影响范围受流量的影响比较明显，邻近海域污染物浓度受外围海水的稀释作用比较明显。

3. 入海排污口对邻近海域环境质量的综合影响

（1）对邻近海域海水水质的影响

根据邻近海域海洋功能区环境保护要求，依据《海水水质标准（GB 3097-1997）》中规定的海水水质标准，采用单因子评价法，使用逐级判定的方法分别得到各监测站位各评价指标的海水水质类别和主要超标污染物，评价结果如表5.3所示。由表可知，三个排污口邻近海域的综合水质类别均为劣四类水质；根据逐级判定的结果，除COD、悬浮颗粒物、活性磷酸盐、DIN和粪大肠菌群等污染超标外，其余参评因子均满足一类水质标准。

邻近海域主要超标污染物按照功能区要求的二类海水水质标准进行评价，表5.3为各站位主要超标污染物的水质污染指数，根据主要污染物的判定原则，洋河和人造河口邻近海域主要超标污染物为：磷酸盐、无机氮；大蒲河邻近海域主要超标污染物为：粪大肠菌群、磷酸盐和无机氮。

表5.3 洋河、人造河、大蒲河邻近海域主要污超标染物水质污染指数

站位		主要超标污染物					综合水质类别	主要超标污染物
		COD	SS（mg/L）	无机氮	磷酸盐	粪大肠菌群		
洋河邻近海域	AL1	0.45	1.30	1.28	2.18	0.25	劣四类	磷酸盐 无机氮
	AL2	0.62	1.24	1.49	2.06	0.00		
	AL3	0.51	1.36	1.50	2.09	0.17		
	AL4	0.53	1.74	1.41	2.19	0.00		
	AL5	0.56	1.40	1.38	2.11	0.00		
	AL6	0.51	0.96	1.38	2.16	0.00		
	AL7	0.53	0.82	1.43	2.21	0.00		
	AL8	0.51	0.78	1.23	2.09	0.00		
	AL9	0.52	0.52	1.40	2.24	0.00		
	AL10	0.50	1.18	1.46	2.05	0.00		
	AL11	0.49	0.66	1.16	1.87	0.00		
人造河邻近海域	BL1	0.51	1.12	1.37	2.92	0.11	劣四类	磷酸盐 无机氮
	BL2	0.96	3.44	2.06	3.88	0.11		
	BL3	0.49	1.66	1.63	2.86	0.12		
	BL4	0.46	0.32	1.67	2.84	0.00		
	BL5	0.59	1.62	1.53	3.00	0.11		
	BL6	0.58	1.02	1.49	2.74	0.25		
	BL7	0.55	0.80	1.42	2.66	0.00		
	BL8	1.06	1.00	1.40	2.48	0.05		
	BL9	0.47	0.38	1.32	2.29	0.00		
	BL10	0.57	0.66	1.47	2.35	0.00		
	BL11	0.52	1.50	1.20	1.49	0.00		

续表

| 站位 | | 主要超标污染物 | | | | | 综合水质 | 主要超标 |
		COD	SS（mg/L）	无机氮	磷酸盐	粪大肠菌群	类别	污染物
大蒲河邻近海域	CL1	0.72	1.96	1.80	3.62	12.00	劣四类	粪大肠菌群 磷酸盐 无机氮
	CL2	0.56	1.06	1.72	2.22	0.00		
	CL3	0.65	0.64	1.80	2.76	12.00		
	CL4	0.67	0.64	1.84	3.12	12.00		
	CL5	0.54	0.86	1.36	1.75	0.00		
	CL6	0.45	0.90	1.37	1.77	0.00		
	CL7	0.61	0.78	1.52	1.54	0.02		
	CL8	0.46	1.00	1.42	1.80	0.00		
	CL9	0.45	0.46	1.35	1.46	0.00		
	CL10	0.55	0.74	1.46	1.48	0.03		
	CL11	0.52	0.70	1.26	1.18	0.00		

　　图 5.10 为秦皇岛邻近海域磷酸盐和无机氮的空间分布图，由邻近海域磷酸盐的空间分布图可以发现，人造河口和洋河口对邻近海域的贡献比较明显，并且四纬路和一经路浴场受到排污口的影响比较明显。此外，人造河口和大蒲河磷酸盐的超标范围已经超出混合区边界线范围，达到劣四类水质，而洋河邻近海域虽然水质同样超四类水质标准，但污染超标程度相对人造河口和大蒲河偏低。对比三个排污口磷酸盐排放浓度、污水流量和等标污染负荷可以发现，人造河口和大蒲河磷酸盐的排放浓度分别达到 5658.1 μg/L 和 4047.5 μg/L，而洋河排污口的排放浓度为 1913.8 μg/L，人造河口和大蒲河磷酸盐的污水流量分别达到 145152 t/d 和 166665.6 t/d，而洋河排污口的污水流量为 86400 t/d，洋河、人造河、大蒲河三个排污口的等标污染负荷分别为 3014559 t/d、1456212 t/d 和 40812 t/d，这说明排污口排放浓度、污水流量和等标污染负荷均能较好的解释磷酸盐的空间分布特征，但相对于排放浓度、污水流量，综合指标等标污染负荷更能明显地解释邻近海域的污染特征。

　　同样，由邻近海域 DIN 的空间分布图可知，人造河口和洋河口两个陆源排污对邻近海域的贡献比较明显，并且四纬路和一经路浴场受到排污口的影响比较明显。同样，人造河口和大蒲河 DIN 的劣四类水质范围均已超出混合区边界线范围和邻近海域中控线范围，其中大蒲河 DIN 四类水质范围已超过邻近海域对照点站位；洋河邻近海域虽未达到劣四类水质，污染超标程度相对人造河口和大蒲河偏低，但四类水质范围同样已超出邻近海域外围控制线范围，并且接近对照点站位。对照三个排污口 DIN 排放浓度可以发现，人造河口和大蒲河的排放浓度分别达到 6099.5 μg/L 和 5162.18 μg/L，而洋河排污口的排放浓度为 2072.16 μg/L，同样，结合三个排污口的污水流量计算等标污染负荷，人造河口和大蒲河的等标污染负荷达到 3615 t/d 和 8034 t/d，洋河的等标污染负荷为 727 t/d，这说明排污口排放浓度、污水流量和等

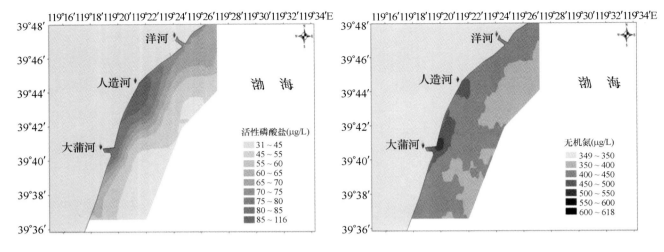

图 5.10　秦皇岛邻近海域海水中磷酸盐和无机氮的空间分布

标污染负荷均能较好的解释 DIN 的空间分布特征,三个排污口邻近海域 DIN 的污染主要来自陆源入海排污,邻近海域的污染范围及程度受陆源排污浓度和排污流量的影响比较明显。

此外,其他监测指标的空间分布特征同样表现出明显的陆源污染特征,比如盐度、pH值以及重金属等,其中重金属的空间分布特征相对于盐度和 pH 值层次化更为明显,并且不同的排污口重金属的分布特征不同,这说明重金属指标对于反映陆源污染特征具有更为明显的指示作用。

(2) 对邻近海域沉积物质量的影响

根据邻近海域海洋功能区环境保护要求,依据《海洋沉积物质量 (GB 18668-2002)》,采用单因子评价法,使用逐级判定的方法分别得到各监测站位各评价指标的沉积物质量类别和主要超标污染物。根据逐级判定的结果,所有参评因子均满足一类沉积物质量标准。

图 5.11 为秦皇岛邻近海域沉积物中各污染指数的对比结果。秦皇岛近岸海域沉积物中重金属污染指数相近,除洋河邻近海域石油烃、人造河近岸铜含量平均污染指数高于其他海域外,其余重金属污染指数(与第一类海洋沉积物质量标准相比)均低于 0.5,普遍在 0.2上下浮动,整体表现为 Cr、Cu、石油烃和 As 平均污染指数略高于其他元素的变化趋势;三个排污口邻近海域和功能区沉积物中重金属含量的监测表明,监测海域沉积物中重金属含量分布较均匀,除功能区沉积物中 Cu、Zn、Pb 和石油烃平均含量略低于排污口邻近海域,Cr、Cd、Hg 和 As 含量基本与排污口邻近海域以及对照站位相当。

沉积物中 Cu、Zn、Pb 和石油烃的空间分布特征(图 5.12)表明,人造河口沉积物中Cu 含量明显高于其他海域;沉积物中 Zn 含量分布规律性不明显,但在排污口外部均出现含量较高的斑点状分布区域;Pb 整体上呈现近岸高、外海低的分布特征,洋河口——经路浴场海域沉积物含量最高;石油烃含量由北向南逐渐降低,说明该海域受排污口的影响较小,其污染来自北部港口区的压力相对较大。综上所述,洋河、人造河和大蒲河邻近海域沉积物质量总体良好,均符合第一类海洋沉积物质量标准,但污染物的空间分布总体上呈现出由近岸向外海逐渐降低的趋势，但并未表现出明显的陆源污染特征，这也说明沉积物监测指标相对海水监测指标，可以在更长时间尺度上反映出陆源排污对邻近海域的影响。

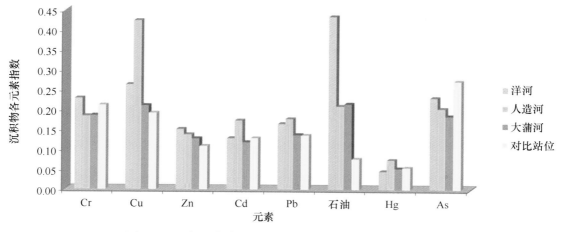

图 5.11　秦皇岛邻近海域沉积物中各元素指数对比

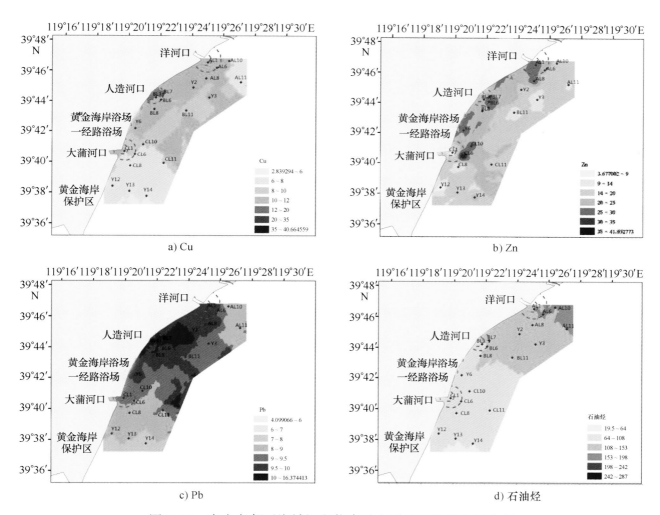

图 5.12　秦皇岛邻近海域沉积物中重金属及石油烃空间分布

（3）对邻近海域底栖生物的影响

底栖生物状况评价主要包括底栖动物种类组成、栖息密度、生物量、生物多样性指数、均匀度指数和底栖动物污染指数（MPI）。生物多样性指数和均匀度指数分别采用 Shannon-Weaver 指数方程计算生物多样性指数（H'）和 Pielou 指数方程计算均匀度指数（J），大型底栖动物污染指数（MPI）采用蔡立哲建立的公式计算，具体公式如下：

- 香农—韦佛（Shannon-Weaver）多样性指数：

$$H' = -\sum_{i=1}^{s} Pi\log_2 Pi$$

式中 H' 为种类多样性指数；S 为样品中的种类总数；Pi 为第 i 种的个体数（n_i）与总个体数（N）的比值（n_i/N）。

- 皮诺（Pielou）均匀度指数：

$$J = H'/H_{\max}$$

式中：

J 表示均匀度；

H' 为种类多样性指数；

$H_{\max}$ 为多样性指数的最大值；

$H_{\max} = \log_2 S$，S 为样品中的种类总数。

- 大型底栖动物污染指数（MPI）：

$$MPI = 10^{(2+k)} \left[\sum (Ai - Bi) \right] / S^{(1+K)}$$

式中：

K 为常数，当 $Ai-Bi$ 为正值时，$K=1$；当 $Ai-Bi$ 为负值时，$K=-1$；

Ai 为在站位中第 i 种的丰度累积%优势度；

Bi 为在站位中第 i 种的生物量累积%优势度；

$\sum (Ai-Bi)$ 为第 i 个种丰度优势度大小顺序与生物量优势度大小顺序第 i 个种差值的积和；

S 为站位种类数。

全海域共采集到底栖动物 9 个门类 66 种，其中环节动物 33 种，占总种数的 50%；软体动物 12 种，占总种数的 18.18%；节肢动物 13 种，占总种数的 19.71%；该海域的优势种主要为日本角吻沙蚕和短叶索沙蚕。3 个排污口邻近海域底栖动物种类组成对比如图 5.13 所示。

全海域底栖动物生物量分布范围在 130~680 个/m² 之间，平均为 304 个/m²，底栖动物栖息密度分布范围在 1.40~29.0 g/m² 之间，平均为 10.16 g/m²，底栖动物生物量及栖息密度分布图如图 5.14 所示。根据上述分析可知，三条河流入海口邻近海域大型底栖动物种类组成和种类数都比较丰富（生物多样性指数较高也证明这一点），栖息密度和生物量在渤海沿岸属中等水平，优势种为环节动物多毛类，大型底栖动物种类和数量分布与距离河口远近没有相关性，即与污染源的的距离远近没有相关性。整个调查海域大型底栖动物种类和数量

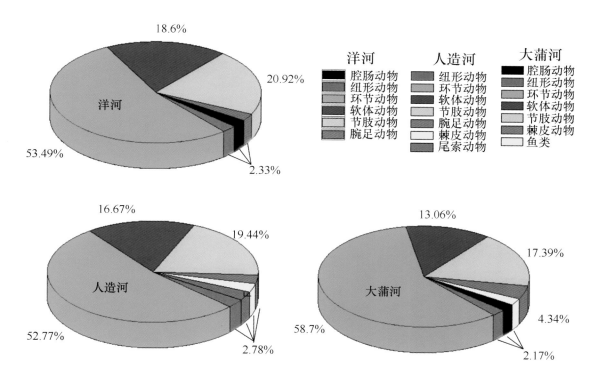

图 5.13 邻近海域底栖动物种类组成

分布状况与各河口邻近海域的基本相似。

秦皇岛邻近海域各站位生物多样性指数和均匀度指数整体较高，H' 值在 2~2.5 之间的站位有 3 个，在 2.6~3.5 之间的站位有 11 个，大于 3.5 的站位有 7 个，均匀度指数大于 0.8 的站位有 19 个；三个直排口邻近海域大型底栖动物生物多样性指数和均匀度指数都比较高，说明环境污染程度低。依据生物多样性阈值评价标准，该海域有 85% 以上调查站位的底栖动物多样性指数处于"丰富"或以上，且各站位底栖动物多样性指数与站位距离直排口远近没有相关性，即与污染源的距离远近没有相关性。均匀度指数在 0~1 之间，指数越高，说明物种数量越多，分布也均匀，环境污染少。均匀度指数的分布也与站位距离直排口远近没有相关性，即与污染源的距离远近没有相关性。

此外，大型底栖动物污染指数（MPI）表征了沉积环境的清洁程度，MPI 越小，说明沉积环境越清洁；反之，污染越严重。由底栖动物污染指数（MPI）空间分布图（图 5.15）可看出，除了 AL8 和 BL11 两站位 MPI 为正值外，其余站位的 MPI 均为负值，说明调查海域沉积环境总体较清洁。同时，由图 5.15 可以判断，不同站位的 MPI 值与站位距离直排口远近同样没有相关性，这表明邻近海域沉积环境的清洁程度与污染源的距离远近不具有明显的相关性。

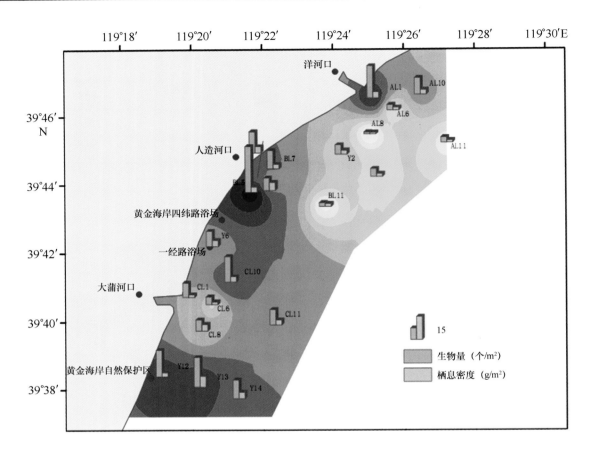

图 5.14　秦皇岛邻近海域底栖动物生物量及栖息密度分布

（4）对邻近海域水体富营养化的影响

邻近海域的富营养状况采用营养状态质量指数（Nutrient Quality Index，*NQI*）展开评价。*NQI* 的计算公式为：

$$NQI = C_{COD}/C'_{COD} + C_{T-N}/C'_{T-N} + C_{T-P}/C'_{T-P} + C_{Chla}/C'_{Chla}$$

式中：

C'_{COD}、C'_{T-N}、C'_{T-P}、C'_{Chla} 分别为水体的 COD、DIN、PO_4^{3-}、Chla 的评价标准；C'_{COD} 为 3.0 mg/L，C'_{T-N} 为 0.3 mg/L，C'_{T-P} 为 0.03 mg/L，C'_{Chla} 为 0.005 mg/L。

NQI>3 时为富营养化状态，3≥NQI>2 时为中等营养状态，NQI≤2 时为贫营养。

表 5.4 为排污口邻近海域各站位 NQI 值及营养化评价结果。由表 5.4 可知，洋河、人造河口和大蒲河邻近海域 NQI 平均值分别为 4.0、4.8 和 4.2，其中人造河邻近海域 NQI 指数最高，这说明人造河邻近海域海水富营养化程度最高，引发赤潮的风险更大。

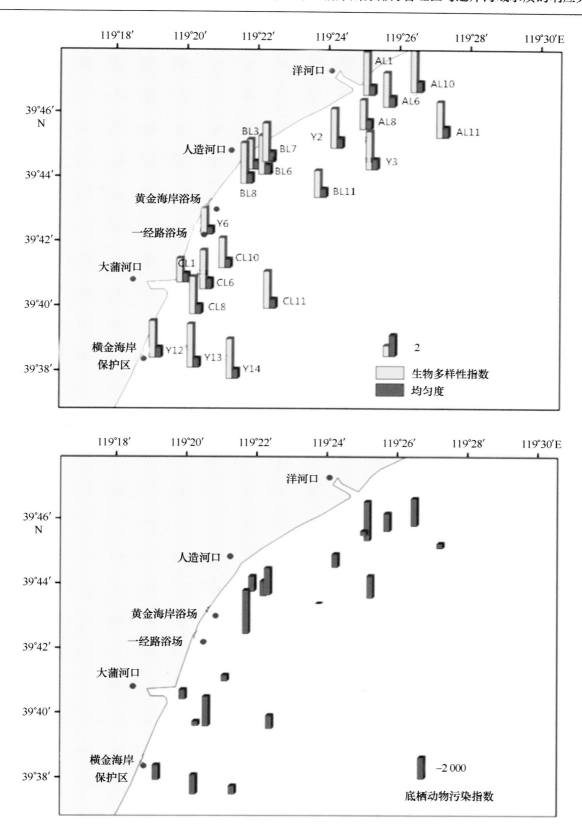

图 5.15　秦皇岛邻近海域生物多样性指数和均匀度、底栖动物污染指数（MPI）空间分布

表 5.4　秦皇岛邻近海域各站位 NQI 值及营养化评价

监测站位	NQI 值	监测站位	NQI 值	监测站位	NQI 值
AL1	3.9	BL1	4.8	CL1	6.1
AL2	4.2	BL2	6.9	CL2	4.5
AL3	4.1	BL3	5.0	CL3	5.2
AL4	4.1	BL4	5.0	CL4	5.6
AL5	4.1	BL5	5.1	CL5	3.7
AL6	4.1	BL6	4.8	CL6	3.6
AL7	4.2	BL7	4.6	CL7	3.7
AL8	3.8	BL8	4.9	CL8	3.7
AL9	4.2	BL9	4.1	CL9	3.3
AL10	4.0	BL10	4.4	CL10	3.5
AL11	3.5	BL11	3.2	CL11	3.0
平均值	4.0	平均值	4.8	平均值	4.2
富营养化状态		富营养化状态		富营养化状态	

　　海水质量评价结果表明三个排污口邻近海域水质主要超标污染物为活性磷酸盐和无机氮，这是海水产生的富营养化效应的两个最主要的要素。邻近海域营养化质量指数 NQI 空间分布特征如图 5.16 所示。通过 NQI 指数与活性磷酸盐和无机氮的空间分布对比可以发现，NQI 指数的空间分布特征与活性磷酸盐和无机氮的分布特征相似，即 NQI 指数与 TP、DIN 表现出一定的相关性，因此可以推断，造成该海域富营养化水平的主控因子为活性磷酸盐和无机氮。

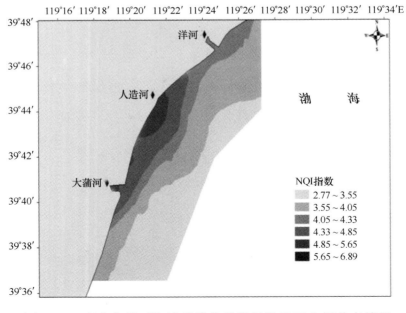

图 5.16　秦皇岛邻近海域营养化质量指数 NQI 空间分布特征

（5）对邻近海域生态环境的累积影响

累积影响评价主要包括简单的年季比较和长时间序列的秩相关评价，其中秩相关评价既可以采用不同要素的单因子污染指标评价，也可以采用综合环境质量指标（水体、沉积物和生物）、富营养化指标和底栖生物状况指标等进行评价。

根据本次调查结果及2006—2011年排污口业务化监测结果，采用秩相关评价的方法评估秦皇岛不同排污口邻近海域综合环境质量指数（P）和富营养化指数（EI）的累积变化（表5.5所示）。结果显示，在显著水平0.05的条件下，海水及沉积物综合环境质量指数和海水富营养化指数的Spearman秩相关系数均小于0.829的临界值，说明在2006—2012年时间段内，各排污口邻近海域海水及沉积物综合环境质量和海水富营养化程度均无显著的变化。

表5.5　洋河、人造河、大蒲河邻近海域 Spearman 秩相关系数评价结果

	评价指标	大蒲河	洋河	人造河
水体	夏季或秋季（P）	0.029	0.54	0.43
	春季（P）	0.8	−0.40	−0.80
	夏季（EI）	−0.03	0.31	0.37
沉积物	夏季（P）	−0.09	−0.37	0.54

（6）小结

通过对秦皇岛北戴河陆源排污管理区的三个主要入海排污口的海洋环境影响综合研究表明：

①沿岸直排口对邻近海域的影响比较明显，但影响的范围相对较小，此外在海水稀释的作用下，邻近海域水质环境状况的梯度变化比较明显，因此，开展混合区达标评价，对于保守诊断排污口对邻近海域的影响具有积极意义，同时在目前监测经费紧缺的情况下，对陆源入海排污的监督监管具有一定的现实意义。

②不同类型的排污口排污特征不同。因此，在制定监测方案之前，应充分考虑特征性监测指标的选择，应对规程中的监测指标做到有的放矢，既要满足监督监测和评价的需要，又要尽可能地减少工作量，为陆源入海排污的监督监管提供更为科学的依据。

③为了综合评价沿岸陆源排污管理区多个污染源对邻近海域的影响，应从不同的角度展开评价，既包括对环境介质的影响，又要涵盖对生态系统方面的影响，这样才能更全面、科学的掌握陆源入海排污对邻近海域生态环境的影响。

第六章 渤海大气污染物沉降及潜在环境效应

第一节 渤海大气污染状况及变化趋势

一、渤海气象场及大气污染场基本情况

分析和管控陆源入海排污，以及调查研究近海污染来源，必须综合考虑海洋大气对污染物输入的贡献及影响。随着环渤海经济圈尤其是京津冀北地区在中国经济发展中的份量日显重要，高强度的人类开发活动对渤海区域大气环境产生巨大压力，排放到大气中的污染物不断增多，沉降到海洋中的大气污染物质也在增加，大气污染形势日益严峻。频频发生的雾霾现象就是大气环境恶化的表现之一。

1. 渤海气象场

渤海西部是亚洲大陆，东部北太平洋，受海陆热力差影响，冬夏的环流行截然不同。渤海冬季多吹西北风，夏季多吹东南风。冬季亚洲大陆盘踞着西伯利亚高压或蒙古高压（9月形成，翌年5月消失，冬季1月最强），而在北太平洋上的阿留申低压发展盛行，气压梯度由亚洲大陆指向海洋，这种气压场配置使渤海多吹西北风；夏季亚洲大陆为印度低压，海上受西北太平洋副热带高压控制，气压梯度由海洋指向大陆，这种气压场配置使渤海海区多吹东南风。西北风转东南风的转变期在4—5月，而9月则是东南风转西南风的转变期，且夏季风到冬季风的转变期较短，而由冬季风到夏季风的转变期较长[49]。

2. 大气污染场

选取由人为活动产生的具有代表性的污染物二氧化硫、黑碳为例来分析渤海区域的大气污染物含量空间分布。如图6.1所示，北京的二氧化硫浓度远高于周边区域，在国内仅低于上海及重庆。

渤海周边西南部地区的二氧化硫污染程度要高于东北区域，并且冬季二氧化硫浓度要远高于其他季节。就海上浓度而言也表现出西部高，东部低的空间格局。

黑碳气溶胶（BC）是大气气溶胶的重要组成部分，其粒径一般在 $0.01\sim1~\mu m$ 之间，主要产生于碳质燃料（如化石和生物质燃料）的不完全燃烧，也是人类活动大气排污的具有代表性的污染物质。从图6.2可以看出渤海周边区域的黑碳浓度也是高值区，特别是京津唐地区浓度为全国最高等级。

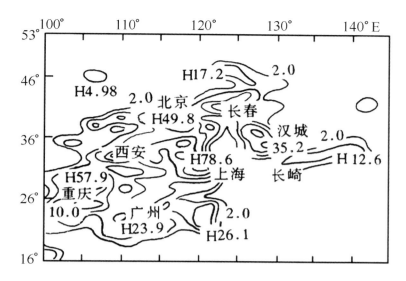

图 6.1　二氧化硫污染源分布图 ［单位：0.1 g∕（m^3·s）］[50]

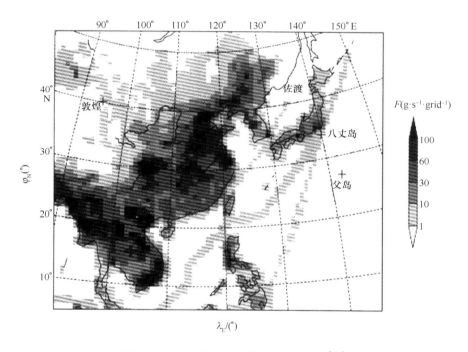

图 6.2　黑碳气溶胶排放空间分布[51]

目前中国是世界上氮肥使用量最多的国家，同时又是能源消费大国，因此活性氮引发的环境问题尤为突出，已成为除欧洲和北美之外的第三大氮沉降区[52]。且氮沉降仍呈增加趋势，受到国际社会的广泛关注[53]。刘学军等[54]系统研究了 1980—2010 年我国氮沉降动态及其与人为活性氮排放的关系，研究结果表明，目前我国人口相对密集和农业集约化程度更高的中东部地区（尤其是华北平原），其氮素沉降量已高于北美任何地区，与西欧 20 世纪

80年代氮沉降高峰时的数量相当。除此之外，重金属和有机物污染大气沉降入海也是关注重点，Lammel等[55]2006年在青岛观测到的气溶胶中Pb、Cu、Zn的浓度是20世纪90年代的2~3倍。Meng等[56]研究发现渤海表层海水中Pb的浓度在2001年以后随着入海径流量的减少，海水中Pb的浓度不降反升，推测大气沉降可能已成为渤海中Pb的主要来源。

二、渤海大气污染概况

1. 渤海大气环境要素背景分析

环境背景值原指未受污染的自然状态下环境要素的正常含量，又称环境本底值。确定环境背景值是海洋环境保护的基础研究工作之一，它可为环境标准的制定、海洋环境监测评价、环境管理和资源开发利用提供科学依据，对于环境质量变化及其预测研究也具有重要意义[57]。

根据2006年海洋专项调查数据（渤海海洋大气的资料来源于2006年7月至2007年12月开展的夏、冬、春、秋四季渤海准同步走航调查结果），用"SPSS13"统计软件处理，计算出近海大气环境要素的"下25个百分点"作为其背景值。渤海大气污染物背景值计算结果如下：

表6.1　渤海大气污染物背景值

要素	氮氧化物	总悬浮颗粒物	铵盐	硝酸盐	磷酸盐	硫酸盐
	$\mu g/m^3$	$\mu g/m^3$	$\mu g/m^3$	$\mu g/m^3$	ng/m^3	$\mu g/m^3$
背景值	16	150	1.95	7.83	1	6.1
要素	总碳	铜	铅	锌	镉	钒
	$\mu g/m^3$	ng/m^3	ng/m^3	ng/m^3	ng/m^3	ng/m^3
背景值	45.2	11	12.1	249	0.72	0.77

渤海海域总悬浮颗粒物、氮氧化物、硝酸盐、铵盐、硫酸盐、铜、锌、镉等污染物都处于全国最高水平，部分要素远高于其他海域。结果表明渤海区域的大气污染严重，大气沉降对渤海生态系统的影响可能也会远大于其他海域。

2. 近岸海域大气污染状况比较分析

渤海沿海省市海区大气化学要素评价和比较数据来自2006—2007年环渤海各省市开展的海洋专项大气化学要素调查（参见表6.2），要素包括总悬浮物、铜、铅、镉、钒、锌、铁、铝、钾、钠、钙、镁、铵、磷酸盐、硫酸盐、硝酸盐、甲基磺酸盐、总碳、二氧化碳、甲烷、氧化亚氮和氮氧化物共22项。调查频次为春、夏、秋和冬四次。

渤海大气关键要素的含量分布特征如下。

硝酸盐浓度从高到低依次为：河北、辽宁、山东、天津近岸海域，位于发达地带的天津海域浓度远低于其他省市，并低于渤海的为背景值7.83 $\mu g/m^3$，极有可能是上报数据问题，假定是单位错误（μg 实际为 mg），则从高到低依次变为：天津、河北、辽宁、山东，可能更符合实际情况。

总悬浮颗粒物浓度从高到低依次为：天津、河北、辽宁、山东近岸海域，与修正后的硝酸盐浓度顺序一致。

比较典型的重金属铅和锌的浓度从高到低依次均为：天津、河北、辽宁、山东近岸海域。

综合分析，渤海各省市大气污染的排序基本情况浓度从高到低依次为：天津、河北、辽宁、山东近岸海域。渤海西部海域的污染物浓度明显高于东部海域，与渤海大气污染场的分析结果基本一致。

表 6.2　环渤海各省（直辖市）大气化学要素统计特征值汇总

省市	TSP	SO₂	铅	铜	锌	铁	铵盐	硝酸盐	NOₓ
	mg/m^3	mg/m^3	$\mu g/m^3$	$\mu g/m^3$	$\mu g/m^3$	$\mu g/m^3$	$\mu g/m^3$	$\mu g/m^3$	mg/m^3
辽宁	0.12	47.4	0.230	0.030	0.480	4.56	10.9	30.7	0.07
河北	0.17	19.7	0.280	0.070	1.000	8.3	4.43	40.9	0.01
天津	0.29	—	0.420	0.070	1.11	2.11	—	0.06	0.14
山东	0.09	11.5	0.170	0.030	0.300	2.4	5.63	9.02	0.06

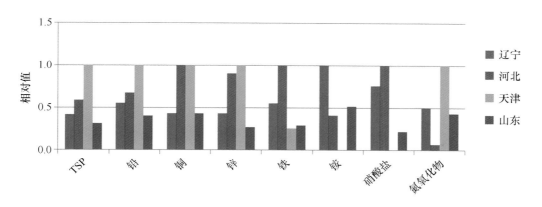

图 6.3　渤海周边各省市污染物浓度相对值比较

由图 6.3 可以看出，整体而言天津及河北的大气污染程度要高于辽宁和山东，在此情况下，冬春季节渤海主导风向为西北风，也给大气污染沉降入海提供了条件，而夏季主要以东南风为主，综合污染场和气象场，夏季的大气质量整体较好。

三、渤海大气污染季节变化分析

1. 渤海全海域季节变化分析

根据 2006—2007 年渤海全海域大气化学要素调查结果分析，海洋大气中主要污染要素的季节变化情况如下：

表 6.3　2006—2007 年各季节渤海全海域大气主要化学要素的平均含量*

季节	氮氧化物	TSP	铜	铅	镉	锌	铵	硝酸盐	总碳
	mg/m³	mg/m³	μg/m³	μg/m³	μg/m³	μg/m³	μg/m³	μg/m³	μg/m³
春	0.0236	0.165	0.0100	0.0235	0.0015	0.447	3.88	18.9	123
夏	0.0216	0.150	0.0163	0.0180	0.0017	0.399	3.03	13.0	44
秋	0.0340	0.300	0.0394	0.0262	0.0009	0.382	3.08	12.0	102
冬	0.0367	0.209	0.0674	0.0345	0.0040	0.608	3.70	17.0	181
平均值	0.029	0.212	0.0417	0.0269	0.0024	0.491	3.5	15.9	135

* 根据 2006 年海洋专项调查调查数据整理。

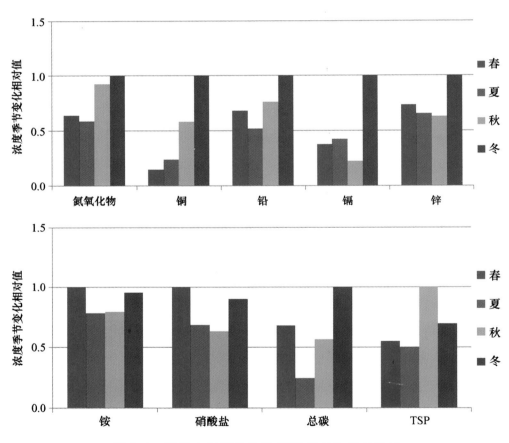

图 6.4　渤海大气污染物浓度季节变化相对比较

由图 6.4 可见，氮氧化物、重金属铜、铅、镉、锌均为冬季浓度最高，其他季节变化规律不一致，可能与北方冬季燃煤供暖，并且人口经济密集区在上风向有很大关系。铵盐、硝酸盐以及总碳均为春季和冬季浓度最高，夏秋季节浓度较低，可能与冬春季节西北风盛行，陆源污染物容易输入渤海上空有关。

2. 渤海近岸海域大气污染物含量的季节变化

根据 2006—2007 年环渤海三省一市近岸海域开展的大气化学要素季节变化调查数据，分析结果如下。

硝酸盐：环渤海三省一市近岸海域整体呈现春秋季节浓度较高，夏冬季节浓度较低的情况。

铵盐：辽宁和山东近岸海域大气铵盐含量分布与硝酸盐一致，呈现春秋季节浓度较高，夏冬季节浓度较低的情况；河北近岸海域与之相反，夏秋季大气气溶胶中铵盐含量较高，春冬季较低。相关研究表明[58]：北京大气氨浓度有明显的季节变化，夏季最高为 41 $\mu g/m^3$，冬季只有 3.2 $\mu g/m^3$，夏季氨浓度是冬季的 10 多倍，与冬季气温很低等因素有关，与本项研究的结果类似。

重金属：辽宁海域冬季重金属含量较高，河北省秋季较高，天津和山东春季浓度较高。

综合分析，除铵盐以外整体上夏季渤海近岸海域大气污染物含量普遍较低，其他季节均存在高浓度的情况。

3. 渤海近岸主要监测站点季节变化分析

2011—2012 年渤海近岸主要大气污染物沉降监测站点（蓬莱、塘沽、东营、盘锦、营口、葫芦岛、秦皇岛、北隍城、大黑石）气溶胶中的污染物浓度统计结果如表 6.4 所示。连续两年的监测结果表明：重金属铜、铅、锌浓度 2012 年均为 3 月份最高，2011 年重金属铅、镉最高，其他重金属要素也处于较高水平，可能与渤海周边区域冬季燃煤取暖有关。

同时还对 2011 年各站点季节变化情况进行了分析，参见图 6.5~6.7，各站点大气污染物含量的季节变化也不一致。可能与海洋大气污染时空变化迅速，不同的站点受到的影响因素众多有关系。

表 6.4　渤海多个监测站气溶胶中污染物浓度月均值（2011—2012 年）

年份	月份	铜	铅	锌	镉	硝酸盐	铵盐
		ng/m^3	ng/m^3	ng/m^3	ng/m^3	$\mu g/m^3$	$\mu g/m^3$
2011	3	36.0	117.0	641.8	3.68	9.3	4.13
	5	33.0	115.4	355.3	3.28	13.5	5.03
	8	29.2	24.1	759.1	3.41	19.6	4.10
	10	39.8	44.6	183.1	2.60	18.9	5.27
2012	3	36.6	155.3	562.6	2.56	14.56	6.50
	5	32.2	12.0	496.4	3.54	24.23	4.74
	8	19.8	77.7	339.6	2.1	18.46	7.20
	10	27.7	106.0	168.2	0.94	19.77	5.98

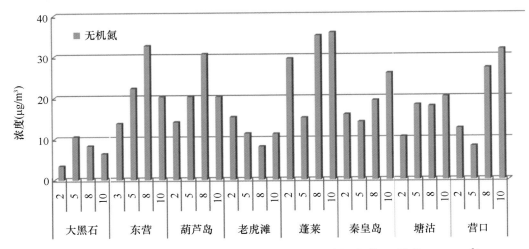

图6.5 渤海各监测站点气溶胶中无机氮浓度季节变化（单位：μg/m³）

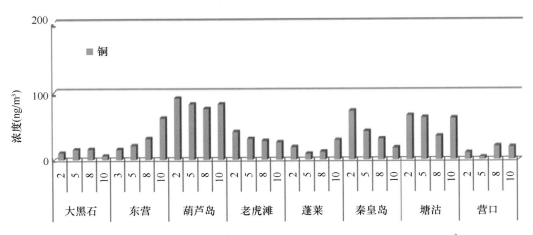

图6.6 渤海各监测站点气溶胶中铜浓度季节变化（单位：ng/m³）

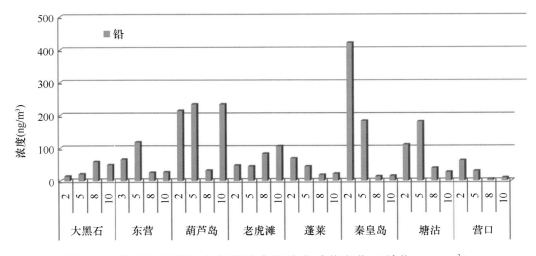

图6.7 渤海各监测站点气溶胶中铅浓度季节变化（单位：ng/m³）

第二节　渤海大气污染物沉降通量及负荷评估

一、渤海大气污染物沉降通量评估

大气沉降通量的准确评价目前仍然是国内外大气科学的研究热点问题，通过已有的监测数据和模型的简化对渤海大气沉降通量进行初步评价，并对其不确定性进行分析。

1. 干沉降通量评估

根据综合考虑分析，采用比较权威的文献推荐的干沉降速率计算单一站点的沉降通量[59-61]，采用渤海区域的背景值（根据 2006 年海洋专项调查数据计算得出）来代表渤海中间点的污染年均值。对于重金属本研究采用 GESAMP[59] 的推荐值进行估算。硝酸盐及铵盐采用 Ayars 等[60]、Gao 等[61] 采用的干沉降速率，即硝酸盐气溶胶的沉降速度为 0.34 cm/s，铵盐气溶胶的沉降速度为 0.19 cm/s。

根据上述数据处理方法，计算得到的各海洋大气监测站气溶胶中的污染物浓度均值如表 6.5 所示。

表 6.5　渤海各海洋大气监测站污染物干沉降通量（2012 年）

站点	铜 kg/（km² · a）	铅 kg/（km² · a）	锌 kg/（km² · a）	镉 kg/（km² · a）	硝态氮 t/（km² · a）	铵态氮 t/（km² · a）
大黑石	1.26	7.30	29.5	0.17	0.26	0.70
北隍城	1.87	9.12	20.9	0.11	1.47	1.05
营口	1.38	7.52	17.9	0.16	1.18	0.64
盘锦	1.12	4.50	23.9	0.13	1.19	0.72
葫芦岛	6.94	14.07	142.3	0.86	1.25	0.70
秦皇岛	4.48	14.79	56.0	0.39	1.94	1.03
塘沽	5.15	9.89	47.3	0.15	1.87	1.19
东营	2.17	8.48	19.7	0.10	1.81	1.07
蓬莱	1.92	6.41	16.4	0.11	1.83	1.09
渤海背景值	1.10	1.21	24.9	0.07	0.60	0.29

结果表明，重金属干沉降通量最高值主要集中在葫芦岛监测站和秦皇岛监测站，硝酸盐干沉降通量最高值出现在秦皇岛监测站，铵盐最高值出现在塘沽监测站。

2. 湿沉降通量评估

海洋大气湿沉降是指通过降水将大气中的物质迁移到海洋的过程，湿沉降通量（F_w）为当年每次降水中污染物浓度与降水量乘积的求和，计算公式如下：

$$F_w = \sum_{i=1}^{n} P_i C_i \times 10^{-3}$$

式中:

F_w 代表大气湿沉降通量 [t/ (km² · a)];

P_i 代表第 i 次降水的降水量 (mm), i 表示降水次数;

C_i 代表第 i 次降水的污染物浓度 (g/m³)。

2012 年,在大连大黑石、营口、葫芦岛、秦皇岛、塘沽、蓬莱等监测站开展了大气污染物湿沉降通量监测。监测结果显示,重金属湿沉降通量最高值均出现在秦皇岛监测站,硝酸盐湿沉降通量最高值出现在塘沽监测站,铵盐最高值出现在营口监测站。

表 6.6　2012 年渤海站点湿沉降通量

要素	铜	铅	锌	镉	硝态氮	铵态氮
站点	kg/ (km² · a)	kg/ (km² · a)	kg/ (km² · a)	kg/ (km² · a)	t/ (km² · a)	t/ (km² · a)
营口	2.1	4.7	8.6	1.1	0.40	0.97
葫芦岛	4.3	9.7	83.9	2.5	0.80	0.85
蓬莱	13.3	11.7	11.7	2.3	0.72	0.64
秦皇岛	45.5	69.7	189.6	41.7	0.12	0.59
塘沽	10.0	11.4	44.1	3.6	0.88	0.46
大连	0.9	0.5	15.8	0.1	0.16	0.69
均值	12.7	17.9	59.0	8.5	0.51	0.70

二、渤海大气污染物沉降负荷评估

参考欧洲 OSPAR 推荐的海洋大气污染物湿沉降量评估方法[62],采用近岸站 70% 计算海上降雨量和污染物浓度,估算渤海海洋大气污染物湿沉降量;干沉降采用渤海区域的背景值(根据 2006 年海洋专项调查数据计算得出)来代表渤海海域中间点的污染水平,然后与站点监测值取平均。渤海面积取 7.7×10⁴ km²,计算结果参见表 6.7。

表 6.7　渤海大气污染物干湿沉降入海总量估算结果 (单位:t/a)

沉降类型	铜	铅	锌	镉	硝态氮	铵态氮
湿沉降	478	677	2224	322	19340	26411
干沉降	155	398	2558	12	77905	46142
全沉降通量	633	1075	4782	334	97244	72553

大气干湿沉降输入的无机氮(硝态氮、铵态氮)总量约为 17×10⁴ t,与陆源水体(河流和排污口)的无机氮排海量相比,大气沉降量的贡献率仅略低于河流,而远高于排污口,

点源（河流和排污口）、非点源、大气无机氮入渤海贡献率的比例关系约为 45：20：35。

本方法估算结果的不确定度主要来源于以下两个方面：

（1）大气物质干沉降速率受气象条件、下垫面特征和物质本身特性多种因素影响，具有较大不确定性，直接测定难度很大，所以在资料欠缺的情况下一般通过沉降模型和 GESAMP 及文献推荐值进行估算。如果需要更为准确的沉降通量评估结果，则需要根据各海域气象条件、下垫面特征和污染物质本身特性，通过模型计算得到比较可靠的干沉降速率，从而降低估算结果的不确定度。

（2）岸基站点代表某一海域平均水平存在一定的误差，如果需要更为准确的沉降通量评估结果，则需要增加站点，特别是海上站点的监测数据（目前海上的数据来源于"908"调查，与监测站数据时间不一致），或者需要构建区域扩散模型进行以点到面的空间场统计分析，会得到更为准确可靠的结果。

第三节　渤海大气污染物来源分析

一、后向轨迹分析模型简介

采用气象资料计算渤海大气气团的后向轨迹路径，分析环渤海区域陆源污染对渤海的影响。用于轨迹计算的模式是 HYSPLIT4.9，该模式是由美国国家海洋大气研究中心（NOAA）Draxler 等开发的供质点轨迹、扩散及沉降分析用的综合模式系统，是一种拉格朗日和欧拉混合型的扩散模式，其平流和扩散计算采用拉格朗日方法，而浓度计算则采用欧拉方法[63]。该模型具有处理多种气象要素输入场、多种物理过程和不同类型污染物排放源功能的较为完整的输送、扩散和沉降模式，已经被广泛地应用于多种污染物在各个地区的传输和扩散的研究中。

HYSPLIT 中假定质点的轨迹是随着风场而运动的，轨迹是质点在空间和时间上的积分。质点所在位置的矢量速度在时间和空间上都是线性插值得出的，其具体计算公式如下：

$$P'(t + \Delta t) = P(t) + V(P, t)\Delta t$$
$$P(t + \Delta t) = P(t) + 0.5[V(P, t) + V(P', t + \Delta t)]\Delta t$$

在三维粒子扩散模型中，浓度的计算是通过计算在某个格点内粒子的数量来得到。HYSPLIT 模式中，不同扩散模型的浓度计算方法如下：

$$\text{3D Particle：}\Delta C = q (\Delta x \Delta y \Delta z)^{-1}$$
$$\text{Top-Hat：}\Delta C = q (\Pi r^2 \Delta z)^{-1}$$
$$\text{Gaussian：}\Delta C = q (2\Pi \sigma_h^2 \Delta z)^{-1} e^{-0.5x^2/\sigma h^2}$$

在烟团扩散模型中，每个格点的浓度是通过取样点矩阵来实现的，例如某个烟团，仅仅当它经过取样点的时候，才对这个格点有浓度的贡献。所以，当烟团位于两个取样点之间时，烟团对浓度的计算是没有贡献的。

$$\text{Top-Hat：} \Delta C = q \ (\Pi r^2 \Delta zp)^{-1}$$
$$\text{Gaussian：} \Delta C = q \ (2\Pi \sigma h^2 \Delta zp)^{-1} e^{-0.5x^2/\sigma h^2}$$

二、渤海大气污染物来源分析

1. 大气污染物来源的后向轨迹模拟分析结果

从图6.8可以看出，秋冬春季，渤海大气沉降主要受西北风影响，主要污染来源为京津唐重工业及人口密集区，污染气团从周边沿海地带到达渤海中心位置只需要6小时左右，是渤海大气污染物的主要来源。夏季（8月份）主要受东南风控制，来源陆地的污染比重相对较低。

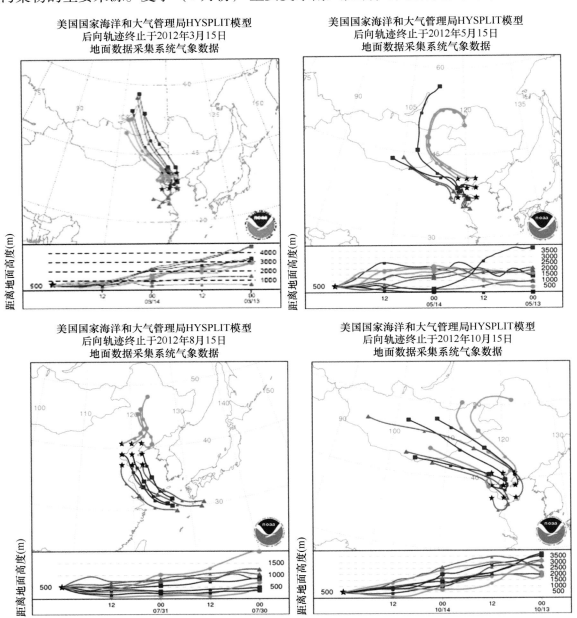

图6.8　2012年渤海海域大气反向轨迹图（3月、5月、8月、10月）

2. 大气污染物质的一般性来源

总悬浮颗粒物是指能悬浮在空气中，空气动力学当量直径≤100微米的颗粒物。总悬浮颗粒物是大气质量评价中的一个通用的重要污染指标。它的来源有人为源和自然源之分。人为源主要是燃煤、燃油、工业生产过程等人为活动排放出来的。自然源主要有土壤、扬尘、沙尘经风力的作用输送到空气中而形成的。

铅是大气的重金属污染中毒性较大的一种。铅矿和冶炼厂以及煤燃烧产生的工业废气是大气铅的主要来源。

人类对含镉矿物的开采、冶炼是引起大气镉污染的重要原因之一，此外，煤、原油中均含有微量的镉，在燃烧过程中可以释放到大气中。镉的毒性较大，被镉污染的空气和食物对人体危害严重，日本因镉中毒曾出现"骨痛病"。

工业尘是造成大气中锌的主要原因，特别是人类对含锌矿物的开采和冶炼过程的废气和扬尘。

硝酸盐是重要的大气污染物，主要来自人为污染源，包括各种燃料在高温下的燃烧以及硝酸、氮肥、炸药和染料等生产过程中所产生的含氮氧化物废气造成的，其中以燃料燃烧排出的废气造成的污染最为严重。

大气氮沉降中铵沉降占了很大的比例，主要来源为城市废水氨释放以及农村地区的农业氨挥发。氨态氮肥是化学氮肥的主体，施入土壤的氨态氮肥很容易以氨的形式挥发逸入大气，大气中的铵盐一般在春季农业活动频繁时出现峰值。

氮氧化合物（NO，NO_2，NO_3）除一小部分来自于雷电等自然途径之外，主要是来自于工业生产中化石燃料的燃烧。

3. 渤海大气污染物质的来源分析

大气沉降氮的来源是多方面的，除大气中的单质 N_2 外，绝大部分是氮氧化物。这些氮氧化合物除一小部分来自于雷电等自然途径之外，主要是来自于工业生产中化石燃料的燃烧、农田施肥和集约畜牧业。其中，农田施肥和集约畜牧业主要向大气排放还原性氮化物（NH_3 和 NH_4^+），而氧化型氮化物（NO，NO_2，NO_3）则主要来源于工业和化石燃料的燃烧。

我国氨的排放量呈逐年增加的趋势。尤其是改革开放以来，畜牧、家禽饲养、氮肥生产和使用均迅速发展，氨的年排放量也迅速增加。比较各种源对氨排放的贡献见图6.9，动物的贡献最大，占52%，使用氮肥占33%，氮肥生产和合成氨只占2%，而人的贡献为13%[64]。

渤海区域经济发展呈现出加速化、重工业化、临海化的总体趋势，以重工业为主的开发活动对渤海大气污染场造成影响。综合渤海区域海洋大气调查结果及模型分析结果，渤海区域的铵主要来源于农渔业生产，硝酸盐及重金属主要来源于工业及交通污染排放。

张艳在2006年观测期间，发现在冬季采暖期，渤海大气中 DI（NO_3+NO_2）和 $DINH_4$ 的

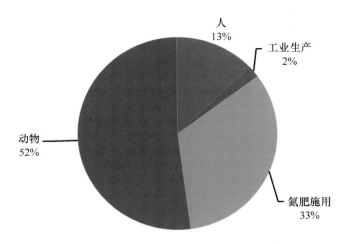

图 6.9　各种来源对氨排放的贡献[64]

平均浓度分别为 357.9 nmol/m³ 和 445.7 nmol/m³，是春季沙尘期的 1.5 倍和 1.6 倍；DON 浓度为 353.6 nmol/m³，是春季沙尘期（181.4 nmol/m³）的 1.9 倍。冬季采暖期煤炭等燃料大量使用造成 NO_x 排放量急剧增多，导致大气气溶胶中的 NO_3^- 浓度升高，而燃烧过程的释放对大气中 DON 的贡献大于土壤源沙尘的贡献[65]。

总悬浮颗粒物是指能悬浮在空气中，空气动力学当量直径 ≤ 100 μm 的颗粒物。总悬浮颗粒物是大气质量评价中的一个通用的重要污染指标。它的来源有人为源和自然源之分。人为源主要是燃煤、燃油、工业生产过程等人为活动排放出来的。自然源主要有土壤、扬尘、沙尘经风力的作用输送到空气中而形成的。

铅是大气的重金属污染中毒性较大的一种。铅矿和冶炼厂以及煤燃烧产生的工业废气是大气铅的主要来源。

人类对含镉矿物的开采、冶炼是引起大气镉污染的重要原因之一，此外，煤、原油中均含有微量的镉，在燃烧过程中可以释放到大气中。

工业尘是造成大气中锌的主要原因，特别是人类对含锌矿物的开采和冶炼过程的废气和扬尘。

综合渤海区域海洋大气调查结果及模型分析结果，渤海区域的铵主要来源于农渔业生产，硝酸盐及重金属主要来源于工业及交通污染排放，会随着渤海经济发展、产业调整、交通能源利用方式的变迁发生较大变化。

第四节　渤海大气污染物沉降的潜在环境影响

氮和磷的输入可成为海洋初级生产的营养物质，一次大量的输入则有可能导致赤潮的爆发[66]。人类活动产生的外源性"新"氮和磷可能是控制海洋初级生产力的一个关键性因素。20 世纪 80 年代以来的许多观测和实验室研究都表明，大气的沉降物，主要是 NO_3^-、NO_2^-

和 NH_4^+ 等可溶性无机氮对开阔海域的浮游植物的初级生产过程有着较大的影响。随着降水，在短时间内，大量营养物质的一次性输入，会刺激浮游植物的生产。

在近岸海域，大气输送的陆源污染物能够在几十千米至几百千米的大尺度上影响海洋表层重金属污染物分布，张志锋等[15]根据我国近岸海域海水重金属分布特征发现铅、汞在表层海水中的水平分布特征具有高值区海域面积广的特征，整个渤海海水中的铅、汞含量均较高且显著高于其他外海海域（汞在河口区含量也很高），这与大气气溶胶中铅、汞含量的分布特征具有很好的正相关性，说明大气沉降是表层海水中重金属的重要来源之一。

此外，大气输入作为其来源之一的持续性生物富集污染物，如多环芳烃（PAHs）、多氯联苯（PCBs）、杀虫剂和重金属，它们的化学性质稳定，在环境中能持久地残留并不易受环境中各种因素的作用而降解，可对海洋生态系统的健康产生损害，同时这些物质随着在生物体内的富集、在生物链中的浓缩、传递将最终对人类健康产生影响[13]。

为了了解大气对海洋的氮输入对海洋生产力的增强效应，Zou 等[67]利用现场培养的方法研究了大气湿沉降对黄海近岸水域海洋生态系统的影响。发现加入 10% 的雨水可以使叶绿素的浓度增加 2.6 倍。同时，大气沉降是氮、磷和其他微量营养元素共同入海的途径，它们可以单独也可协同刺激有害藻类的爆发。实验证据表明 N-Fe 配合刺激初级生产发生于受有害藻类爆发影响的北加利福尼亚近岸水体中[68]。

我国近 10 年来在大气污染物质入海通量评估方面开展了一系列的工作，但由于海上实验和模拟的实际困难，目前还无法确切评估这些大气物质对渤海海洋环境和生态系统的实际影响。但相关研究和资料积累已经为大气污染物输入的生态环境影响研究奠定了重要基础。

第七章　渤海陆源入海污染源综合管控策略及措施

陆源入海污染源的排污行为影响在近岸海域，源头在陆地。因此，要做好近岸海域环境污染防治，基于海洋环境承载能力安排部署社会经济发展格局，就必须做好陆海统筹，必须依靠陆地和海洋各相关部门形成污染治理的合力。

第一节　陆源排海营养盐和有机污染物的分级管控

一、管控重点和管控级别

对比入海河流、入海排污口和沿岸非点源对渤海的影响，河流入海的 COD_{Cr} 和无机氮占陆源排海总量的比重达 80% 左右，总磷所占比重约 50%，因此要做好渤海陆源入海污染源的综合管控，入海河流是重点。入海排污口的贡献率虽然不高，但由于所排废水通常水质较差，对邻近海域小范围区域的影响严重，社会影响力大。因此，陆源污染源综合管控要河流与排污口两手抓，河流是重点。

从管控区域的优先度来说：以区域排污压力、近岸水质污染现状、环境承载力状况及变化趋势等为主要判据，并考虑近岸海域主导使用功能和社会关注度，对于辽东湾、渤海湾和莱州湾三个污染最严重的区域，在同等排污压力的情况下实施相对严格的管控级别。渤海的 24 个陆源排污管理区，8 个需要实行一级管控，9 个需要实行二级管控，7 个需要实行三级管控，详见表 7.1。

表 7.1　环渤海各陆源排污管理区的管控级别

序号	陆源排污管理区名称	区县信息	主要入海点	污染物入海量占总量比例	管控级别
1	大连-普兰店陆源排污管理区	大连、普兰店	鞍子河	5.0%	一级
2	瓦房店市陆源排污管理区	大连瓦房店	复州河	1.2%	三级
3	熊岳市陆源排污管理区	营口熊岳市	熊岳河	0.5%	三级
4	盖州市陆源排污管理区	营口盖州市	大清河	0.7%	三级
5	营口市大辽河陆源排污管理区	营口市站前区	大辽河	18.3%	一级
6	盘锦市辽河陆源排污管理区	盘锦市大洼县	双台子河	10.4%	一级
7	锦州市大凌河陆源排污管理区	锦州市凌海市	大凌河	4.1%	一级
8	锦州市小凌河陆源排污管理区	锦州市凌海市	小凌河	2.2%	二级
9	葫芦岛市陆源排污管理区	葫芦岛市龙岗区	连山河	4.1%	一级

续表

序号	陆源排污管理区名称	区县信息	主要入海点	污染物入海量占总量比例	管控级别
10	兴-绥近岸陆源排污管理区	兴城市、绥中市	六股河	2.2%	二级
11	秦皇岛山海关陆源排污管理区	秦皇岛山海关区	石河	0.4%	三级
12	秦皇岛陆源排污管理区	秦皇岛市区	新开河	0.2%	三级
13	秦皇岛北戴河陆源排污管理区	秦皇岛北戴河区	洋河	1.3%	二级
14	滦河排污管理区	唐山秦皇岛交界	滦河	2.0%	三级
15	唐山市排污管理区	河北天津交界	陡河	1.6%	二级
16	海河北系陆源排污管理区	天津市汉沽区	永定新河	2.4%	二级
17	海河干流陆源排污管理区	天津市塘沽区	海河	1.6%	二级
18	海河南系陆源排污管理区	天津市大港区	海河南系	1.9%	二级
19	徒骇马颊河陆源排污管理区	河北沧州市	徒骇马颊河	7.3%	一级
20	滨州市陆源排污管理区	滨州市沾化县	潮河	0.5%	三级
21	东营市陆源排污管理区	东营市垦利县	黄河	23.5%	一级
22	小清河陆源排污管理区	潍坊市寿光市	小清河	3.3%	一级
23	潍坊市陆源排污管理区	潍坊市寒亭区	白浪河	2.6%	二级
24	烟台市陆源排污管理区	烟台市招远市	界河	2.6%	二级

注：1. 本表中统计的污染物入海量包括点源和非点源排放的 COD、DIN 和 DIP。

2. 分级原则：三大湾周边，区域污染物入海量占入渤海总量比例 3% 以上为一级，1% 以下为三级；其他区域，5% 以上为一级，2% 以下为三级。

3. 考虑秦皇岛北戴河近岸海域的主导功能和社会关注度，将其从三级管控区提升为二级管控区。

二、分级管控措施

根据渤海的污染现状和环境压力，将环渤海的陆源污染源分成三级管控分级。其中一级为污染压力较大，需采取最严格的管控措施；二级为污染压力较大，需采取较严格的管控措施；三级为污染压力一般，采取最常规的管控措施。

1. 三级管控基本要求，适用于所有管控级别区域的陆源入海污染源

（1）严格管理入海排污口的设置，保护重要海洋功能区环境

海洋自然保护区、重要渔业水域、海滨风景名胜区和其他需要特别保护的海域严禁新设入海排污口。已设置在以上区域的排污口严格控制达标排放，连续出现两次超标排放勒令关停排污口。

（2）入海排污口排放浓度达标

排污口污水中各类污染物的排放浓度必须满足《污水综合排放标准》（GB 8978-1996）或相应行业排污标准的相关要求。

（3）河流入海断面水质达标

由沿海省市核定河流入海断面位置及断面水质要求，定期开展河流入海断面水质监测和评估，实行河流入海断面水质达标责任制。

2. 二级管控基本要求，在满足三级管控要求的基础上

（1）实施污水综合生物毒性风险管控

对二级管控区内的入海排污口实行污水综合生物毒性风险管控，严格禁止高毒性风险污水排放入海。

（2）对设闸河流实施排污风险管控

加大对区域内设闸河流所蓄水体的水质水量监测频率，根据监测结果评估排污风险，提出排海流量调控方案，避免瞬时大量污/河水的集中排放对河口及邻近海域生态环境造成污染危害。

（3）控制和减少含磷农药和化肥的使用

3. 一级管控基本要求，在满足三级和二级管控要求的基础上

（1）实施区域排污总量控制制度

对区域内入海河流和入海排污口主要污染物的排放量实施总量控制制度，主要污染物排放量及时空分布不能超过规定的控制指标。

（2）调整入海排污口布局，核定入海排污口的允许混合区范围

对位于水交换能力较差海域且造成邻近海域环境质量无法满足海洋功能区要求的入海排污口，调整排污口位置或将排污口深海设置，实行离岸排放。

对于所有入海排污口，按要求核定其在邻近海域的允许混合区范围，混合区的划定应符合海洋功能区划和海洋环境保护规划，不得损害相邻海域的使用功能和生态功能。

三、各陆源排污管理区主要特点及管控对象

各陆源排污管理区的主要污染物在环渤海污染物入海总量中所占比重情况如表 7.2 所示，其排污特征及管控对象分述如下。

表 7.2　不同排污管理区主要污染物在环渤海污染物入海总量中所占比重（%）

名称	污染物总量（t/a）	占环渤海总量比重	COD$_{Cr}$		DIN		活性磷酸盐	
			点源	非点源	点源	非点源	点源	非点源
大连-普兰店陆源排污管理区	80013	5.0%	5.8%	1.5%	3.3%	2.0%	3.7%	1.7%
瓦房店市陆源排污管理区	19681	1.2%	1.0%	1.5%	0.9%	4.3%	6.9%	4.9%

续表

名称	污染物总量（t/a）	占环渤海总量比重	COD$_{Cr}$ 点源	COD$_{Cr}$ 非点源	DIN 点源	DIN 非点源	活性磷酸盐 点源	活性磷酸盐 非点源
熊岳市陆源排污管理区	8294	0.5%	0.3%	2.2%	0.7%	1.8%	1.1%	0.7%
盖州市陆源排污管理区	11430	0.7%	0.3%	2.8%	1.4%	2.2%	0.4%	4.1%
营口市大辽河陆源排污管理区	290287	18.3%	19.6%	0.6%	26.1%	0.4%	5.9%	0.5%
盘锦市辽河陆源排污管理区	164412	10.4%	11.6%	1.3%	11.6%	0.8%	2.1%	0.7%
锦州市大凌河陆源排污管理区	64562	4.1%	2.3%	7.5%	5.5%	19.4%	0.8%	14.7%
锦州市小凌河陆源排污管理区	35361	2.2%	1.2%	5.2%	2.0%	12.3%	1.5%	10.4%
葫芦岛市陆源排污管理区	65561	4.1%	4.3%	6.1%	2.7%	3.8%	2.5%	5.7%
兴-绥近岸陆源排污管理区	34846	2.2%	1.4%	7.1%	3.5%	5.0%	4.2%	7.4%
秦皇岛山海关陆源排污管理区	5993	0.4%	0.2%	2.3%	0.4%	0.4%	0.6%	0.1%
秦皇岛陆源排污管理区	3110	0.2%	0.1%	2.2%	0.1%	0.2%	0.0%	0.4%
秦皇岛北戴河陆源排污管理区	21285	1.3%	1.4%	2.1%	0.3%	2.0%	2.2%	4.5%
滦河陆源排污管理区	31536	2.0%	0.3%	17.0%	0.7%	13.8%	0.9%	17.9%
唐山市陆源排污管理区	24829	1.6%	1.2%	4.6%	0.5%	5.9%	1.0%	6.0%
海河北系陆源排污管理区	38775	2.4%	1.8%	0.2%	7.0%	0.1%	16.3%	0.1%
海河干流陆源排污管理区	25076	1.6%	1.5%	0.2%	3.1%	0.1%	2.2%	0.1%
海河南系陆源排污管理区	29664	1.9%	2.2%	0.4%	0.8%	0.2%	9.8%	0.1%
徒骇马颊河陆源排污管理区	115050	7.3%	5.2%	23.3%	8.3%	16.9%	16.7%	10.5%
滨州市陆源排污管理区	8486	0.5%	0.5%	2.2%	0.0%	1.2%	0.2%	1.1%
东营市陆源排污管理区	373112	23.5%	30.3%	1.7%	5.5%	0.6%	4.0%	0.4%
小清河陆源排污管理区	52728	3.3%	1.9%	3.6%	11.3%	2.7%	9.6%	3.4%
潍坊市陆源排污管理区	41230	2.6%	2.9%	2.6%	0.8%	2.3%	2.6%	2.5%
烟台市陆源排污管理区	41114	2.6%	2.5%	1.8%	3.5%	1.7%	4.7%	2.1%
合计	1586435	100%	100%	100%	100%	100%	100%	100%

1. 大连-普兰店陆源排污管理区

大连-普兰店陆源排污管理区在行政区域上主要隶属于大连市和普兰店市，管控级别为一级。污染物入海总量约占环渤海总量的 5.0%，其中点源排放的 COD_{Cr}、DIN 和活性磷酸盐入海量分别占渤海点源入海量的 5.8%、3.3% 和 3.7%。区域主要入海河流和入海排污口信息及主要排污特征如表 7.3 所示，排污河是管理区的主要污染来源，主要超标污染物为 COD_{Cr}、悬浮物和总磷。

表 7.3 大连-普兰店陆源排污管理区主要污染源信息

河流或排污口名称	所在县区	类型	主要排污特征	超标污染物	邻近海域功能区	功能区水质要求
拉夏河口	甘井子区	排污河	高排污负荷，高污染程度	COD_{Cr}，悬浮物	养殖区	不劣于第二类
营城子工业园区排污口	甘井子区	工业排污口	高污染程度	COD_{Cr}，氨氮，总磷，悬浮物	特殊利用区	不劣于第二类
南山办事处长店堡排污口	普兰店市	市政排污口	高排污负荷	—	排污区	不劣于第四类
红旗河入海口	金州区	排污河	高超标率，高污染程度	COD_{Cr}，氨氮，悬浮物	工业与城镇用海区	不劣于第二类
大连显像管厂排污口	甘井子区	工业排污口	高排污负荷，高超标率，高污染程度	COD_{Cr}	养殖区	不劣于第二类
北大河口	金州区	河流	高污染程度	COD_{Cr}	排污区	不劣于第四类
北海村河口	金州区	排污河	—	悬浮物，总磷	养殖区	不劣于第二类
鞍子河入海口	普兰店市	排污河	—	—	排污区	不劣于第四类
旅顺污水处理厂排污口	旅顺口区	市政排污口	—	总磷	海洋保护区	不劣于第一类
龙口河入海口	金州区	排污河	高污染程度	悬浮物	工业与城镇用海区	不劣于第二类
交流岛电镀厂排污口	瓦房店市	工业排污口	—	—	养殖区	不劣于第二类
南山办事处李村排污口	普兰店市	市政排污口	—	—	排污区	不劣于第四类

2. 瓦房店市陆源排污管理区

瓦房店市陆源排污管理区在行政区域上主要隶属于大连瓦房店市，管控级别为三级。污染物入海总量约占环渤海总量的 1.2%，其中点源排放的 COD_{Cr}、DIN 和活性磷酸盐入海量分别占渤海点源入海量的 1.0%、0.9% 和 6.9%。区域主要入海河流和入海排污口信息及主要排污特征如表 7.4 所示，复州河和工业排污口是管理区的主要污染来源，主要超标污染物为总磷、悬浮物和 COD_{Cr}。

表 7.4　瓦房店市陆源排污管理区主要污染源信息

河流或排污口名称	所在县区	类型	主要排污特征	超标污染物	邻近海域功能区	功能区水质要求
老虎河入海口	瓦房店市	排污河	高排污负荷	总磷，悬浮物	养殖区	不劣于第二类
复州河入海口	瓦房店市	河流	—	—	养殖区	不劣于第二类
大成宫产有限公司排污口	瓦房店市	工业排污口	高排污负荷，高污染程度	COD_{Cr}，氨氮	养殖区	不劣于第二类
础明原种猪养殖厂排污口	瓦房店市	工业排污口	高污染程度	总磷，悬浮物	养殖区	不劣于第二类
大化集团公司2号排污口	瓦房店市	工业排污口	高排污负荷	悬浮物	养殖区	不劣于第二类
大化集团公司1号排污口	瓦房店市	工业排污口	高排污负荷	悬浮物	港口区	不劣于第三类
大连来克精化有限公司排污口	瓦房店市	工业排污口	高污染程度	总磷	养殖区	不劣于第二类
大成食品有限公司排污口	瓦房店市	工业排污口	高污染程度	COD_{Cr}，总磷	养殖区	不劣于第二类

3. 熊岳市陆源排污管理区

熊岳市陆源排污管理区在行政区域上主要隶属于营口熊岳市，管控级别为三级。污染物入海总量约占环渤海总量的 0.5%，点源排放的 COD_{Cr}、DIN 和活性磷酸盐入海量分别占渤海点源入海量的 0.3%、0.7% 和 1.1%。熊岳河是管理区主要污染物来源。

4. 盖州市陆源排污管理区

盖州市陆源排污管理区在行政区域上主要隶属于营口盖州市，管控级别为三级。污染物入海总量约占环渤海总量的 0.7%，其中点源排放的 COD_{Cr}、DIN 和活性磷酸盐入海量分别占渤海点源入海量的 0.3%、1.4% 和 0.4%。大清河是管理区主要污染物来源。

5. 营口市大辽河陆源排污管理区

营口市大辽河陆源排污管理区在行政区域上主要隶属于营口市，管控级别为一级。污染物入海总量约占环渤海总量的 18.3%，其中点源排放的 COD_{Cr}、DIN 和活性磷酸盐入海量分别占渤海点源入海量的 19.6%、26.1% 和 5.9%。区域主要入海河流和入海排污口信息及主要排污特征如表 7.5 所示，大辽河是管理区 COD_{Cr}、DIN 和活性磷酸盐等污染物的主要来源，部分市政排污口总磷、粪大肠菌群、六价铬等超标严重。

表 7.5 营口市大辽河陆源排污管理区主要污染源信息

河流或排污口名称	所在县区	类型	主要排污特征	超标污染物	邻近海域功能区	功能区水质要求
大辽河	站前区	河流	高排污负荷	总磷，悬浮物	—	—
营口市污水处理厂排污口	西市区	工业排污口	—	—	渔业资源利用和养护区	不劣于第二类
西潮沟入海口	站前区	工业排污口	高排污负荷，高污染程度	COD_{Cr}，氨氮	排污区	不劣于第四类
东双桥排污口	站前区	市政排污口	高污染程度	总磷，悬浮物	排污区	不劣于第四类
老港二号门排污口	站前区	市政排污口	高排污负荷	悬浮物	排污区	不劣于第四类
航运局排污口	站前区	市政排污口	高排污负荷	悬浮物	港口区	不劣于第四类
营口市啤酒厂	西市区	工业排污口	高污染程度	总磷	养殖区	不劣于第二类
营口市造纸厂排污口	站前区	工业排污口	高污染程度	COD_{Cr}，总磷	排污区	不劣于第四类
营口市制桶厂	—	工业排污口	—	—	—	—

6. 盘锦市辽河陆源排污管理区

盘锦市辽河陆源排污管理区在行政区域上主要隶属于盘锦市，管控级别为一级。污染物入海总量约占环渤海总量的 10.4%，其中点源排放的 COD_{Cr}、DIN 和活性磷酸盐入海量分别占渤海点源入海量的 11.6%、11.6% 和 2.1%。区域主要入海河流和入海排污口信息及主要排污特征如表 7.6 所示，该管理区河流较多，其中辽河是 COD_{Cr}、DIN 和活性磷酸盐等污染物的主要来源。

表7.6　盘锦市辽河陆源排污管理区主要污染源信息

河流或排污口名称	所在县区	类型	邻近海域功能区	功能区水质要求
辽河	双台子区	河流	—	—
接官厅排污口	大洼县	河流	增殖区	不劣于第二类
红旗闸入海口	大洼县	河流	增殖区	不劣于第二类
二界沟入海口	大洼县	河流	增殖区	不劣于第二类
华锦集团排污口	双台子区	排污河	排污区	不劣于第四类
荣兴海滨闸入海口	大洼县荣兴农场	市政排污口	养殖区	不劣于第二类

7. 锦州市大凌河陆源排污管理区

锦州市大凌河陆源排污管理区在行政区域上主要隶属于锦州市，管控级别为一级。污染物入海总量约占环渤海总量的 4.1%，其中点源排放的 COD_{Cr}、DIN 和活性磷酸盐入海量分别占渤海点源入海量的 2.3%、5.5% 和 0.8%。大凌河是管理区 COD_{Cr}、DIN 和活性磷酸盐等污染物的主要来源，金城造纸公司排污口污染也较为严重，主要超标污染物为 COD_{Cr} 和氨氮。

8. 锦州市小凌河陆源排污管理区

锦州市小凌河陆源排污管理区在行政区域上主要隶属于锦州市，管控级别为二级。污染物入海总量约占环渤海总量的 2.2%，其中点源排放的 COD_{Cr}、DIN 和活性磷酸盐入海量分别占渤海点源入海量的 1.2%、2.0% 和 1.5%。区域主要入海河流和入海排污口信息及主要排污特征如表 7.7 所示，小凌河是管理区 COD_{Cr}、DIN 和活性磷酸盐等污染物的主要来源，部分排污口污染严重，主要超标污染物为 COD_{Cr}、氨氮和总磷。

表7.7　锦州市小凌河陆源排污管理区主要污染源信息

河流或排污口名称	所在县区	类型	主要排污特征	超标污染物	邻近海域功能区	功能区水质要求
小凌河	凌河区	河流	—	—	—	—
百股桥排污口	凌河区	排污河	高排污负荷	氨氮	养殖区	不劣于第二类
王家排污口	经济技术开发区	工业排污口	高污染程度	COD_{Cr}，总磷	港口区	不劣于第四类
笔架山风景区排污口	经济技术开发区	市政排污口	高污染程度	COD_{Cr}，总磷	增殖区	不劣于第二类
锦州港排污口	经济技术开发区	市政排污口	—	—	港口区	不劣于第四类

续表

河流或排污口 名称	所在 县区	类型	主要排污 特征	超标污染物	邻近海域 功能区	功能区水质要求
元成排污口	经济技术 开发区	工业 排污口	—	—	港口区	不劣于第四类
碧海排污口	经济技术 开发区	工业 排污口	—	—	港口区	不劣于第四类

9. 葫芦岛市陆源排污管理区

葫芦岛市陆源排污管理区在行政区域上主要隶属于葫芦岛市，管控级别为一级。污染物入海总量约占环渤海总量的 4.1%，其中点源排放的 COD_{Cr}、DIN 和活性磷酸盐入海量分别占渤海点源入海量的 4.3%、2.7% 和 2.5%。区域主要入海河流和入海排污口信息及主要排污特征如表 7.8 所示，五里河和葫芦岛锌厂是管理区 COD_{Cr}、DIN 和活性磷酸盐等污染物的主要来源，并且葫芦岛锌厂镉、砷、锌、铅、汞等重金属超标严重，部分年份有 PCBs 等禁排物质检出。

表 7.8　葫芦岛市陆源排污管理区主要污染源信息

河流或排污口 名称	所在 县区	类型	主要排污 特征	超标污染物	邻近海域 功能区	功能区水质要求
五里河入海口	龙港区	排污河	高排污负荷	COD_{Cr}，BOD_5	排污区	不劣于第四类
葫芦岛锌厂排污口	龙港区	工业 排污口	高污染程度	COD_{Cr}，氨氮， 总磷，镉，砷， 锌，铅，汞	排污区	不劣于第四类
连山河入海口	龙港区	河流	高排污负荷	—	排污区	不劣于第四类
望海寺排污口	龙港区	市政 排污口	高污染程度	COD_{Cr}，总磷， BOD_5，氨氮	港口区	不劣于第四类
渤海船舶重工 公司直排口	葫芦岛市 军事禁区	工业 排污口	高污染程度	COD_{Cr}	航道区	不劣于第三类

10. 兴-绥近岸陆源排污管理区

兴-绥近岸陆源排污管理区在行政区域上主要隶属于葫芦岛市，管控级别为二级。污染物入海总量约占环渤海总量的 2.2%，其中点源排放的 COD_{Cr}、DIN 和活性磷酸盐入海量分别占渤海点源入海量的 1.4%、3.5% 和 4.2%。区域主要入海河流和入海排污口信息及主要排污特征如表 7.9 所示，兴城河、六股河等河流是管理区 DIN 和活性磷酸盐等污染物的主要来源，绥中发电厂排污口污水具有高排污负荷、高超标率、高污染程度的特征，其主要超标

污染物为 COD_{Cr} 和悬浮物。

表 7.9　兴-绥近岸陆源排污管理区主要污染源信息

河流或排污口名称	所在县区	类型	主要排污特征	超标污染物	邻近海域功能区	功能区水质要求
兴城河（报告）	兴城市	河流	—	—	—	—
绥中发电厂排污口	绥中县高岭镇	工业排污口	高排污负荷，高超标率，高污染程度	COD_{Cr}，悬浮物	一般工业用水区	不劣于第三类
绥中 36-1 原油厂排污口	绥中县高岭镇	工业排污口	—	氨氮，总磷	一般工业用水区	不劣于第三类
六股河	绥中市	河流	—	—	—	—
烟台河	兴城市	河流	—	—	—	—
狗河	绥中市	河流	—	—	—	—

11. 秦皇岛山海关陆源排污管理区

秦皇岛山海关陆源排污管理区在行政区域上主要隶属于秦皇岛市，管控级别为三级。污染物入海总量约占环渤海总量的 0.4%，其中点源排放的 COD_{Cr}、DIN 和活性磷酸盐入海量分别占渤海点源入海量的 0.2%、0.4% 和 0.6%。区域主要入海河流和入海排污口信息及主要排污特征如表 7.10 所示，石河和新开河是管理区 COD_{Cr}、DIN 和活性磷酸盐等污染物的主要来源，山海关开发区总排污口具有高排污负荷、高污染程度的特征，其主要超标污染物为 COD_{Cr} 和总磷。

表 7.10　秦皇岛山海关陆源排污管理区主要污染源信息

河流或排污口名称	所在县区	类型	主要排污特征	超标污染物	邻近海域功能区	功能区水质要求
山海关石河入海口	山海关区	河流	高排污负荷	—	度假旅游区	不劣于第二类
新开河入海口	海港区	河流	高排污负荷	—	度假旅游区	不劣于第二类
山海关开发区总排污口	山海关开发区	工业排污口	高排污负荷，高污染程度	COD_{Cr}，总磷	度假旅游区	不劣于第二类
船厂污水处理站排污口	山海关开发区船厂	工业排污口	—	总磷	度假旅游区	不劣于第二类

12. 秦皇岛陆源排污管理区

秦皇岛陆源排污管理区在行政区域上主要隶属于秦皇岛市，管控级别为三级。污染物入海总量约占环渤海总量的 0.2%，其中点源排放的 COD_{Cr} 和 DIN 入海量分别占渤海点源入海量的 0.1% 和 0.1%。汤河是管理区 COD_{Cr}、DIN 等污染物的主要来源。

13. 秦皇岛北戴河陆源排污管理区

秦皇岛北戴河陆源排污管理区在行政区域上主要隶属于秦皇岛市，管控级别为三级。污染物入海总量约占环渤海总量的 1.3%，其中点源排放的 COD_{Cr}、DIN 和活性磷酸盐入海量分别占渤海点源入海量的 1.4%、0.3% 和 2.2%。区域主要入海河流和入海排污口信息及主要排污特征如表 7.11 所示，戴河和洋河污染负荷较低，大蒲河排污口是管理区 COD_{Cr}、DIN 和活性磷酸盐等污染物的主要来源，人造河排污负荷也较高，并且污染程度较高，排污口的主要污染物为 COD_{Cr}、总磷、BOD_5、悬浮物。

表 7.11　秦皇岛北戴河陆源排污管理区主要污染源信息

河流或排污口名称	所在县区	类型	主要排污特征	超标污染物	邻近海域功能区	功能区水质要求
大蒲河入海口	昌黎县	排污河	高排污负荷	COD_{Cr}，总磷，BOD_5，悬浮物	度假旅游区	不劣于第二类
北戴河西部污水处理厂排污口	抚宁县	市政排污口	高排污负荷	COD_{Cr}，悬浮物	养殖区	不劣于第二类
人造河入海口	抚宁县	排污河	高排污负荷，高污染程度	COD_{Cr}，BOD_5，总磷，悬浮物	度假旅游区	不劣于第二类
戴河	北戴河区	河流	—	—	—	—
洋河入海口	抚宁县	河流	—	—	度假旅游区	不劣于第二类

14. 滦河陆源排污管理区

滦河陆源排污管理区位于秦皇岛市和唐山市交接处，在行政区域上主要隶属于唐山市，管控级别为三级。污染物入海总量约占环渤海总量的 2.0%，其污染物主要来自非点源排放，非点源排放的 COD_{Cr}、DIN 和活性磷酸盐入海量分别占渤海非点源入海量的 17.0%、13.8% 和 17.9%。区域主要入海河流包括滦河和二滦河。

15. 唐山市陆源排污管理区

唐山市陆源排污管理区在行政区域上主要隶属于唐山市，管控级别为二级。污染物入海总量约占环渤海总量的 1.6%，其中点源排放的 COD_{Cr}、DIN 和活性磷酸盐入海量分别占渤海点源入海量的 1.2%、0.5% 和 1.0%。区域主要入海河流和入海排污口信息及主要排污特征如表 7.12 所示，管理区内河流较多，溯河、小青龙河、陡河等河流是 COD_{Cr}、DIN 和活性磷酸盐的主要来源，部分排污河排污负荷也较高；三友化工碱渣液排污口污染程度较重，pH、总磷、悬浮物是该排污口主要超标污染要素。

表 7.12　唐山市陆源排污管理区主要污染源信息

河流或排污口名称	所在县区	类型	主要排污特征	超标污染物	邻近海域功能区	功能区水质要求
溯河入海口	滦南县柏各庄	河流	高排污负荷	悬浮物	养殖区	不劣于第二类
小青龙河	滦南县	河流	—	—	—	—
陡河入海口	丰南区黑沿子镇	河流	—	—	养殖区	不劣于第二类
大清河入海口	乐亭县马头营镇	河流	高排污负荷	—	增殖区	不劣于第二类
沙河入海口	丰南区黑沿子镇	河流	—	—	养殖区	不劣于第二类
二泄大庄河入海口	滦南县柳赞镇	排污河	高排污负荷	总磷	养殖区	不劣于第二类
青龙河入海口	滦南县柏各庄镇	排污河	高排污负荷	悬浮物	养殖区	不劣于第二类
双龙河入海口	滦南县南堡镇	排污河	高排污负荷	—	养殖区	不劣于第二类
三友化工碱渣液排污口	丰南县黑沿子镇	工业排污口	高污染程度	pH, 总磷, 悬浮物	养殖区	不劣于第二类

16. 海河北系陆源排污管理区

海河北系陆源排污管理区在行政区域上主要隶属于天津市，管控级别为二级。污染物入海总量约占环渤海总量的 2.4%，其中点源排放的 COD_{Cr}、DIN 和活性磷酸盐入海量分别占渤海点源入海量的 1.8%、7.0% 和 16.3%。区域主要入海河流和入海排污口信息及主要排污特征如表 7.13 所示，北塘入海口、永定新河等河流是管理区内 COD_{Cr}、DIN 和活性磷酸盐的主要来源，泰达市政排污口排污负荷也较高，排污口主要超标污染物为悬浮物、总磷和 COD_{Cr}。

表 7.13　海河北系陆源排污管理区主要污染源信息

河流或排污口名称	所在县区	类型	主要排污特征	超标污染物	邻近海域功能区	功能区水质要求
北塘入海口	塘沽区	河流	—	—	港口区	不劣于第四类
永定新河	塘沽区	河流	—	—	—	—

河流或排污口名称	所在县区	类型	主要排污特征	超标污染物	邻近海域功能区	功能区水质要求
蓟运河	蓟县	河流	—	—	—	—
泰达市政排污口 II	塘沽区	市政排污口	高排污负荷	COD_{Cr}	港口区	不劣于第四类
泰达市政排污口 I	塘沽区	市政排污口	高排污负荷	总磷，COD_{Cr}，悬浮物	港口区	不劣于第四类
中心渔港排污口	汉沽区	排污河	—	—	港口区	不劣于第四类
李家河子排污口	汉沽区	排污河	—	悬浮物	其他工程用海	不劣于第四类
大神堂排污口	汉沽区	排污河	—	总磷，悬浮物	其他工程用海	不劣于第四类
潮白新河	塘沽区	河流	—	—	—	—

17. 海河干流陆源排污管理区

海河干流陆源排污管理区在行政区域上主要隶属于天津市，管控级别为二级。污染物入海总量约占环渤海总量的 1.6%，其中点源排放的 COD_{Cr}、DIN 和活性磷酸盐入海量分别占渤海点源入海量的 1.5%、3.1%和 2.2%。区域主要入海河流和入海排污口信息及主要排污特征如表 7.14 所示，海河是管理区内 COD_{Cr}、DIN 和活性磷酸盐的主要来源，部分排污口污染程度较重，主要超标污染物为 COD_{Cr}和总磷。

表 7.14　海河干流陆源排污管理区主要污染源信息

河流或排污口名称	所在县区	类型	主要排污特征	超标污染物	邻近海域功能区	功能区水质要求
海河入海口	塘沽区	河流	—	COD_{Cr}	港口区	不劣于第四类
天津新港船厂排污口	塘沽区	工业排污口	高污染程度	总磷，COD_{Cr}	航道区	不劣于第三类
大沽排污河	塘沽区	排污河	高排污负荷	COD_{Cr}，BOD_5	港口区	不劣于第四类
渤海石油排口	塘沽区	市政排污口	高污染程度	COD_{Cr}	排污区	不劣于第四类
盐场排水渠	塘沽区	市政排污口	高污染程度	悬浮物	增殖区	不劣于第二类
天津海滨浴场	塘沽区	市政排污口	—	—	度假旅游区	不劣于第二类

18. 海河南系陆源排污管理区

海河南系陆源排污管理区在行政区域上主要隶属于天津市和沧州市，管控级别为二级。

污染物入海总量约占环渤海总量的 1.9%，其中点源排放的 COD$_{Cr}$、DIN 和活性磷酸盐入海量分别占渤海点源入海量的 2.2%、0.8% 和 9.8%。区域主要入海河流和入海排污口信息及主要排污特征如表 7.15 所示，管理区内河流和人工开凿的排污河众多，是管理区内 COD$_{Cr}$、DIN 和活性磷酸盐的主要来源。

表 7.15　海河南系陆源排污管理区主要污染源信息

河流或排污口名称	所在县区	类型	主要排污特征	超标污染物	邻近海域功能区	功能区水质要求
独流减河入海口	大港区	河流	高排污负荷	COD$_{Cr}$	其他工程用海	不劣于第四类
大港电厂排海口	大港区	工业排污口	高排污负荷	悬浮物	—	不劣于第二类
子牙新河入海口	大港区	河流	高排污负荷	总磷，COD$_{Cr}$，氨氮，悬浮物	海洋特别保护区	不劣于第一类
大港东一排涝站入海口	大港区	排污河	高排污负荷	总磷，COD$_{Cr}$	油气区	不劣于第四类
大港东二排涝站排污口	大港区	排污河	高排污负荷	COD$_{Cr}$	油气区	不劣于第四类
天津市北排河	大港区马棚口	河流	高排污负荷	总磷，悬浮物	养殖区	不劣于第二类
青静黄排水渠入海口	大港区	排污河	—	COD$_{Cr}$，总磷，悬浮物	海洋特别保护区	不劣于第一类
廖家洼排水渠入海口	黄骅市南排河镇	排污河	高排污负荷	悬浮物	养殖区	不劣于第二类
新石碑河入海口	中捷农场	河流	高排污负荷	总磷，悬浮物	养殖区	不劣于第二类
大浪淀排水渠入海口	海兴县付家庄	排污河	高排污负荷	—	港口区	不劣于第四类
南排河入海口	黄骅南排河镇	河流	高排污负荷	悬浮物	养殖区	不劣于第二类
六十六排干入海口	黄骅市羊二庄镇	排污河	—	悬浮物	港口区	不劣于第四类
老石碑河入海口	南大港农场四分场	河流	高排污负荷	—	养殖区	不劣于第二类
黄浪渠入海口	中捷农场	排污河	—	氨氮，悬浮物	养殖区	不劣于第二类
沧浪渠入海口	黄骅歧口镇	排污河	—	悬浮物	养殖区	不劣于第二类
黄南排干入海口	黄骅市羊二庄镇	排污河	—	—	养殖区	不劣于第二类
捷地减河入海口	黄骅市周青庄镇	河流	—	—	养殖区	不劣于第二类
总排干	沧州市中捷农场中捷炼油厂南	排污河	—	—	海洋特别保护区	不劣于第一类

19. 徒骇马颊河陆源排污管理区

徒骇马颊河陆源排污管理区在行政区域上主要隶属于沧州市和滨州市，管控级别为一级。污染物入海总量约占环渤海总量的 7.3%，其中点源排放的 COD_{Cr}、DIN 和活性磷酸盐入海量分别占渤海点源入海量的 5.2%、8.3%和 16.7%。区域主要入海河流和入海排污口信息及主要排污特征如表 7.16 所示，管理区内主要以河流为主，是 COD_{Cr}、DIN 和活性磷酸盐的主要来源，部分排污口污染程度也较高，主要超标污染物是悬浮物。

表 7.16　徒骇马颊河陆源排污管理区主要污染源信息

河流或排污口名称	所在县区	类型	主要排污特征	超标污染物	邻近海域功能区	功能区水质要求
宣惠河入海口	海兴县小山乡	河流	—	—	港口区	不劣于第三类
漳卫新河入海口	海兴县辛集	河流	高排污负荷	—	港口区	不劣于第四类
国华沧东电厂温排口排污口	渤海新区	工业排污口	高排污负荷	—	港口区	不劣于第三类
徒骇河	无棣县	河流	—	—		
套尔河入海口	沾化县	河流	高排污负荷	悬浮物	增殖区	不劣于第二类
马颊河	无棣县	河流	—	—		
德惠新河	无棣县	河流	—	—		
沙头河入海口	无棣县马山子镇	河流	高排污负荷，高污染程度	悬浮物	增殖区	不劣于第二类
沾化电厂	沾化县	工业排污口	高污染程度	悬浮物	养殖区	不劣于第二类
鲁北化工总厂	无棣县马山子镇	工业排污口	高污染程度	悬浮物	养殖区	不劣于第二类

20. 滨州市陆源排污管理区

滨州市陆源排污管理区在行政区域上主要隶属于滨州市，管控级别为三级。污染物入海总量约占环渤海总量的 0.5%，其中点源排放的 COD_{Cr}、DIN 和活性磷酸盐入海量分别占渤海点源入海量的 0.5%、0.0%和 0.2%。区域主要入海河流和入海排污口信息及主要排污特征如表 7.17 所示，管理区内全部为河流，COD_{Cr}、DIN 和活性磷酸盐等污染物入海量均较少。

表 7.17　滨州市陆源排污管理区主要污染源信息

河流或排污口名称	所在县区	类型	邻近海域功能区	功能区水质要求
潮河入海口	河口区新户乡	河流	排污区	不劣于第四类
湾湾沟河入海口	沾化县	河流	增殖区	不劣于第二类
马新河	沾化县	河流	—	—
沾利河	沾化县	河流	—	—

21. 东营市陆源排污管理区

东营市陆源排污管理区在行政区域上主要隶属于东营市，管控级别为一级。污染物入海总量约占环渤海总量的 23.5%，其中点源排放的 COD_{Cr}、DIN 和活性磷酸盐入海量分别占渤海点源入海量的 30.3%、5.5% 和 4.0%。区域主要入海河流和入海排污口信息及主要排污特征如表 7.18 所示，黄河为管理区内 COD_{Cr}、DIN 和活性磷酸盐等污染物主要来源，其他河流和排污口污染物入海量很小。

表 7.18　东营市陆源排污管理区主要污染源信息

河流或排污口名称	所在县区	类型	邻近海域功能区	功能区水质要求
黄河入海口	垦利县黄河口镇	河流	风景旅游区	不劣于第三类
挑河入海口	利津县刁口乡	河流	渔港和渔业设施基础建设区	不劣于第三类
山东省东营市神仙沟入海口	河口区仙河镇	河流	排污区	不劣于第四类
三号排涝站	垦利县	工业排污口	养殖区	不劣于第二类
二号排涝站	垦利县	工业排污口	养殖区	不劣于第二类

22. 小清河陆源排污管理区

小清河陆源排污管理区在行政区域上主要隶属于滨州市和潍坊市，管控级别为一级。污染物入海总量约占环渤海总量的 3.3%，其中点源排放的 COD_{Cr}、DIN 和活性磷酸盐入海量分别占渤海点源入海量的 1.9%、11.3% 和 9.6%。区域主要入海河流和入海排污口信息及主要排污特征如表 7.19 所示，小清河为管理区内 COD_{Cr}、DIN 和活性磷酸盐等污染物主要来源，其他河流污染物入海量很小。

表 7.19　小清河陆源排污管理区主要污染源信息

河流或排污口名称	所在县区	类型	邻近海域功能区	功能区水质要求
小清河	广饶县	河流	—	—
广利河入海口	东营区黄河路街道办	河流	渔港和渔业设施基础建设区	不劣于第三类
淄脉沟	广饶县	河流	—	—
张僧河	滨海区	河流	—	—

23. 潍坊市陆源排污管理区

潍坊市陆源排污管理区在行政区域上主要隶属于潍坊市，管控级别为二级。污染物入海总量约占环渤海总量的 2.6%，其中点源排放的 COD_{Cr}、DIN 和活性磷酸盐入海量分别占渤海点源入海量的 2.9%、0.8% 和 2.6%。区域主要入海河流和入海排污口信息及主要排污特征如表 7.20 所示，弥河为管理区内 COD_{Cr}、DIN 和活性磷酸盐等污染物主要来源之一，管理区内排污口众多且污染负荷和污染程度均较高，其中海化排污口超标污染物类型最多，COD_{Cr}、悬浮物、氨氮、挥发酚、总磷等污染物均超标，其他排污口主要超标污染物为 COD_{Cr}、总磷和氨氮。

表 7.20　潍坊市陆源排污管理区主要污染源信息

河流或排污口名称	所在县区	类型	主要排污特征	超标污染物	邻近海域功能区	功能区水质要求
海化排污口	滨海区大家洼街办	工业排污口	高排污负荷，高污染程度	COD_{Cr}，悬浮物，氨氮，挥发酚，总磷	养殖区	不劣于第二类
弥河入海口	滨海区大家洼街办	河流	高排污负荷	COD_{Cr}，pH，总磷	增殖区	不劣于第二类
潍河入海口	昌邑市卜庄镇	河流	高排污负荷，高污染程度	COD_{Cr}，总磷	增殖区	不劣于第二类
白浪河入海口	滨海经济开发区央子镇	河流	—	—	工业与城镇用海区	不劣于第二类
胶莱河入海口	昌邑市卜庄镇	河流	高排污负荷，高污染程度	COD_{Cr}，总磷	增殖区	不劣于第二类
山东省围滩河入海口	滨海经济开发区大家洼街办	河流	高排污负荷，高污染程度	COD_{Cr}，氨氮，pH，总磷	增殖区	不劣于第二类
蒲河入海口	昌邑市卜庄镇	排污河	高排污负荷，高污染程度	总磷	增殖区	不劣于第二类
虞河入海口	昌邑市龙池镇	河流	高污染程度	总磷，COD_{Cr}	增殖区	不劣于第二类

24. 烟台市陆源排污管理区

烟台市陆源排污管理区在行政区域上主要隶属于烟台市，管控级别为二级。污染物入海总量约占环渤海总量的 2.6%，其中点源排放的 COD_{Cr}、DIN 和活性磷酸盐入海量分别占渤海点源入海量的 2.5%、3.5% 和 4.7%。区域主要入海河流和入海排污口信息及主要排污特征如表 7.21 所示，管理区内排污口众多且污染程度较重，主要超标污染物为 COD_{Cr}、总磷、氨氮和悬浮物。

表 7.21　烟台市陆源排污管理区主要污染源信息

河流或排污口名称	所在县区	类型	主要排污特征	超标污染物	邻近海域功能区	功能区水质要求
界河入海口	招远辛庄镇	河流			养殖区	不劣于第二类
龙口北马河	山东省烟台市龙口市开发区	排污河	高排污负荷，高污染程度	COD_{Cr}，氨氮，总磷	港口区	不劣于第四类
黄水河排污管道入海口	龙口诸由观镇	河流	高排污负荷，高污染程度	COD_{Cr}，总磷	度假旅游区	不劣于第二类
焦家金矿排污口	莱州市金城镇	市政排污口	高污染程度	总磷，COD_{Cr}	度假旅游区	不劣于第二类
蓬莱中心渔港排污口	蓬莱北沟镇	工业排污口	高污染程度	总磷	港口区	不劣于第四类
燕京啤酒莱州有限公司排污口	莱州太原镇	工业排污口	高污染程度	COD_{Cr}，氨氮，总磷，悬浮物	排污区	不劣于第四类
龙口北河排污管路排污口	龙口开发区	排污河	高污染程度	COD_{Cr}，总磷，氨氮	港口区	不劣于第四类
泳汶河入海口	龙口中村乡	河流	高污染程度	COD_{Cr}，氨氮，总磷	度假旅游区	不劣于第二类
登州海藻化工有限公司排污口	蓬莱市蓬莱阁乡	工业排污口	高污染程度	COD_{Cr}	风景旅游区	不劣于第三类
国电蓬莱发电有限公司排污口	蓬莱市北沟镇	工业排污口	—	—	度假旅游区	不劣于第二类
龙口造纸厂排污口	龙口市诸由观镇	工业排污口	—	悬浮物	养殖区	不劣于第二类
下朱潘村排污口	蓬莱北沟镇	工业排污口	—	总磷	港口区	不劣于第四类
王河	莱州市	河流	—	—	—	—
华贸精细化工有限公司排污口	蓬莱市蓬莱阁	工业排污口	—	—	风景旅游区	不劣于第三类
蓬莱市污水处理厂排污口	蓬莱市蓬莱阁	市政排污口	—	—	风景旅游区	不劣于第三类

四、管控策略及措施

要做好陆地和海洋相关监测体系的对接，形成"入海河流源头-陆域跨界断面水质控制性监测-入海断面水质控制性监测-近岸海域水质控制性监测"的综合系统，统一监测对象、监测方案、分析方法等，形成陆地和海洋各有侧重、互为补充的监测力量布局，为获取科学可靠、协调一致、信息共享的监测结果奠定基础。

1. 入海江河

（1）开展入海河流普查，优化调整监测对象

开展环渤海入海河流普查，建立入海河流台账。将作为河流监测的排污口重新进行评估，除非该河流确实满足"现阶段以排放污水为主（枯水期污水量占径流量50%以上）的小型河流（沟、渠、溪）"的要求，否则纳入河流监测范畴。在此基础上，确定每年入海河流的监测对象，满足入海河流监测的代表性。

（2）提高入海河流的监测频率，尤其是丰水期的监测频率

河流污染物入海量的相对合理的评估依赖于系统合理的监测计划，特别是监测频率和监测时间选择的合理性。国内外相关研究均表明，监测频率的提高，会大大提高河流污染物通量评估结果的准确性。以伊利湖为例在丰水期调查频率相对较高的情况下，丰水期污染物负荷可占到全年污染物负荷的80%~90%（表7.22）。

表 7.22 国外案例——伊利湖河流污染物通量在丰水期不同监测频率的估算结果

调查项目	丰水期调查时间比例 %	丰水期污染物入湖负荷占年入湖负荷比例 %				
		Raisin	Maumee	Sandusky	Rock	Cuyahoga
悬浮颗粒物	0.5	17.8	17.3	24.3	42.7	28.3
	1.0	26.9	27.1	36.4	59.5	38.1
	10	79.6	81.6	87.7	97.6	81.5
	20	91.2	93.9	95.4	99.0	90.9
总磷	0.5	14.8	9.8	14.8	30.9	13.2
	1.0	23.9	17.2	22.8	47.2	18.0
	10	67.9	67.5	77.3	93.9	51.3
	20	81.3	85.6	90.2	97.2	64.8
硝酸盐和亚硝酸盐	0.5	5.3	5.0	6.9	17.9	3.0
	1.0	9.5	8.7	12.3	28.8	5.2
	10	54.2	52.2	56.7	81.0	25.9
	20	76.4	75.4	77.2	91.4	40.5

因此需要在现有监测频率的基础上，进一步提高监测频率，至少保持每月一次。尤其是对于一些流量较大的河流，在丰水期要在每月一次的基础再提高监测频率，以保证污染物入海量评估的准确性。在有条件的地区，鼓励开展在线连续监测。

（3）开展主要河口区环境监测，有效评估陆源对海洋的影响

对黄河、海河、滦河、辽河、大辽河等主要入海河流的入海河口区开展有针对性的专项监测，评估主要河流对海洋环境的影响，掌握河口区环境变化趋势。分区筛选陆源排放源（河流和排污口）较为密集、近岸海域环境压力大的区域，设置多个陆源入海污染源共同影响下海域生态环境响应的综合监测方案，科学评估重点海域各入海污染源的排污量及对海域水质污染的贡献。

2. 入海排污口

（1）开展渤海入海排污口普查，优化监测对象

开展渤海陆源入海排污口普查，建立区域陆源入海排污口台账并动态更新；在此基础上筛选开展监测的入海排污口，保证监测对象的代表性。

（2）有针对性提高监测频率，保证评估结果的准确性

工业及市政直排口污水一般有规律排放。市政直排口每日污水总流量的变化不大，但是存在居民用水量在每日内的非均匀分布，生活污水排放量较大的时间段一般出现在早上 8~9 点。而工业直排口在上午 8 点之后污水排放量明显升高，且在不同监测时期污水流量的变化规律基本一致（见图 3.19~3.20）。因此对于工业和市政排污口的监测频率在现有一年 4 次的基础上增加到一年 6 次。在有条件的地区，鼓励开展在线连续监测。

对于排污河来说，既汇集了周边的污染源，又受径流的影响，因此需要加大监测频率。部分排污河设有防潮闸（见图 3.21），污水不定期排放，经常出现汛期排污口污水大量集中排放的现象。因此，排污河的监测频率需要与河流基本一致，保证每月一次，在丰水期要在每月一次的基础上再提高监测频率。在有条件的地区，鼓励开展在线连续监测。

（3）从区域角度考虑排污口邻近海域监测

单个的排污口对海洋环境的影响范围和影响程度有限，但区域内众多污染源的共同作用却对海洋环境影响明显。以秦皇岛近岸为例，洋河、大蒲河和人造河口污水的最大扩散距离仅在 2 km 左右，但该海域多个污染源的综合作用却造成大范围的污染（图 5.10）。

因此，需要与河流监测统筹考虑，分区筛选陆源排放源（河流和排污口）较为密集、近岸海域环境压力大的区域，设置多个陆源入海污染源共同影响下海域生态环境响应的综合监测方案，科学评估重点海域各入海污染源的排污量及对海域水质污染的贡献。

第二节　陆源排放有毒有害污染物的环境风险管控

强化陆源排污的海洋生态风险管理，特别是在海岸带地区要进行陆源突发性污染事故影响近岸海域生态环境的风险排查，查清风险源类型、污染风险特征、风险等级，并进行必要的风险区划，按照区划结果实施分区分级管理。风险排查的重点对象既包括沿海布局的重污染产业，也包括设闸入海河流等具有集中、突发性排污的设施等。

一、完善陆源排海污水生物毒性监测与毒性控制标准的制定

EPA 研究表明，生物监测对水环境损害的检出有 94% 的覆盖，而化学评估仅为 64%。EPA 水质标准的执行包括特定化学指标控制、综合污水生物毒性指标控制、生物基准及生物评价等 3 个不同层次的方法。目前这 3 个层面在我国陆源排海监管中仍非常薄弱，尚无污水生物毒性控制指标和生物基准，污水综合生物毒性监测与评估也处于起步阶段，多个方面有待加强与完善。目前存在的问题包括：①污水生物毒性监测定位不清，评价标准中生物学及生物毒性控制目标普遍缺失，法律地位不明，观念落后，亟需更新。②污水及水环境生物监测虽然已形成生物监测技术体系，但在系统化、标准化、快速方法及质控方面还存在诸多问题与不足，需要革新。③尽管目前已示范性地开展了排海污水的生物监测，但目前仍无应用于环境管理的评价技术体系，需要创新并尽快标准化。

尽管目前污水生物毒性监测与评估还存在一系列问题，但基于生态风险评估和生物毒性评价相结合的评价方式已凸显出其优势和巨大的应用潜力，作为化学评估的重要补充手段，生物毒性监测与控制工作在以下四个方面亟需加强。

（1）借鉴 EPA 综合毒性指标，尽快建立我国陆源排海污水及近岸水环境管理的综合毒性指标，开展代表性受试生物的筛选工作，确定区域性和全国性的测试生物，细化和制定具有可操作性的急性、亚急性和短期慢性毒性监测指标和测试方法，为业务化实施奠定基础。

（2）在全面掌握和评估我国陆源排海污水生物毒性水平的基础上，结合经济发展现状和技术水平，尽快确定和出台排海污水的毒性控制指标和限值，建立陆源排海污水综合毒性评价指标体系、基准及分级管理标准，为推动和贯彻排污的浓度管理走向生态目标管理、浓度减排走向生态效应减排和毒性减排等管理策略转变提供依据。

（3）生物监测是生态环境保护与管理的大势所趋，在确定其管理地位的基础上，逐级逐步地开展排海污水生物毒性业务化工作，以国家海洋环境监测中心前期研究为基础，尽快出台规范化的采样、运输、保存和前处理等方法，确定推荐的受试生物和制定相应的质量保障体系，形成以国家中心的多营养受试生物测试为主，海区或省市单一受试物种监测为辅的工作方式，结合生态风险评估结果，全面评估陆源排海污水及污染物的生态影响。同时，对于重点区域和环境突发事故等环境问题，应制定针对性的监测与评估方案，切实发挥生物监测应有的作用。

（4）以管理需求为导向，以技术研发为基础，在业务化现有成熟的监测方法前提下，开发和构建内分泌干扰效应的监测方法，引进和转化成熟的监测手段和仪器，为系统评估排海污水及近岸污染的生态效应提供技术支撑和保障。

二、建立环境风险监测预警机制

污水综合生物毒性监测对于评估入海污染源对海洋生物的毒害影响具有最直接的意义，

可以弥补化学监测要素不足的缺陷。因此建议在有条件的省市入海污染源监测中开展生物毒性监测的推广。

（1）建议当前应首先建立以不同营养级海洋生物为受体的环境效应监测技术，完善入海污水对藻类、甲壳类和鱼类的标准监测方法及质量保证体系；标准化应用海洋发光细菌评价水体和沉积物毒性效应的监测方法，并将其逐步逐级地在全国范围内应用和推广。

（2）进一步加强对排海污水和海洋环境样品长期生物毒性效应监测与评价方法的研发。应及时了解和掌握国际发展动态，积极吸纳和转化发达国家的监测技术和相关的研究成果，以现有的监测内容和技术以及实际工作的可操作情况为基础，深入分析生物毒性效应监测的管理需求和技术障碍，加快和革新监测技术的研发工作，调整和优化监测方法与内容，大力推广短期和长期毒性效应监测在环境管理和评价中的应用与示范。

（3）进一步优化具有推广应用潜力的受试生物。通过研究与应用已发现海水模式鱼种—海水青鳉的早期生活阶段对排海污水较为敏感，且具有易培养、操作简单，结果重现性好等优势，建议将其作为推荐受试物种引入到当前排海污水及陆源排污毒性风险评价工作中，而对海水青鳉鱼的实验室长期培养和标准化测试方法的研发与应用将是近期亟需加强和完善的工作。

三、加强重点海域排海污染物的环境风险管控

通过对渤海排海污水有毒有害污染物的生态风险评估和生物毒性评估发现，渤海排污污水中多种有毒有害污染物具有较高的生态风险，约70%以上的排海污水具有中度以上的毒性风险，其中锌、铅、铜、艾氏剂、辛基酚、双酚A等污染物应引起重点关注并构建相应的管控体系。受行业分布和产污能力不同，环渤海不同区域所排放的有毒有害污染物也各异，辽东湾金属污染的生态风险最高，渤海湾PCBs污染的生态风险最高，莱州湾有机氯农药和环境雌激素污染的生态风险最高。这些污染物对海洋生物造成明显的影响，包括引起鱼类发育畸形、藻类的生长抑制和导致浮游动物和鱼类死亡等毒性。

对陆源排海污染物进行环境风险管控，首先应在系统评估排海污染物生态风险的基础上，确定渤海排海优先监控污染物，并对优控污染物进行管控。同时，在制定排污监管策略时应考虑区域的差异性。建议对策包括：①严格监测和评估工业污水的入海排海，制定工业污水排海水质管理目标；②加强矿山尾水排放的管控，减少金属污染；③对施用农药进行有效管理；④加强对畜牧、水产养殖的管理，提高养殖废水的深度处理；⑤提高城市和农村生活污水的处理率，加大污水处理设施建设；⑥开展优控污染物和毒性风险的长效监测，切实发挥监管作用。

四、建立陆源排污化学品的生态风险评估方法体系

欧美是最早开展生态风险评估的国家和地区，生态风险评估一般按照危害识别、暴露评价和效应评价开展。生态风险评估的主要工作体现在暴露评价和效应评估相结合的风险

表征过程。在欧美国家或地区，水体污染物风险评估的基本方法是首先通过测定或预测污染物的环境浓度进行暴露评价，以生态毒理的剂量效应关系推导预测无效应浓度进行效应评价，然后以风险熵的大小进行风险表征。生态风险评估是将人类活动对环境的影响用科学数据进行表征，并转化为风险概率，用以阐述人类活动对环境生物不利影响的可能性。生态风险评估的目的不是禁止人类在环境中活动，而是为人类活动提供指导，使风险管理者根据风险程度作出合理的环境保护决策。我国现行海水水质标准或污水排放标准多是参考发达国家的数据，未考虑我国水生生物的区系特征，可能不当或过当保护了我国水生生物及水生态环境，尤其是在海洋领域，不仅有毒有害污染物的环境标准非常欠缺，而且也缺乏以生态风险为基础的环境质量控制体系。因此，针对上述问题，在充分借鉴欧美国家开展生态风险评估的经验基础上，针对我国及渤海陆源排海有毒有害污染物的特点，亟需构建和提出我国开展陆源排海污染物生态风险评估的方法体系，然后以区域或流域为单元，通过监测陆源排海污水有毒有害污染物浓度，筛选适宜我国海洋生物区系特征的生态毒理学数据推导生态风险阈值，用风险熵值的方式表征污染物的生态风险高低，从而划分出陆源排海污水中有毒有害污染物的高风险区域和优先关注污染物，为排海风险监管和排海标准的制定提供借鉴。

第三节　渤海海洋大气污染综合管控

一、加强海洋大气污染物沉降监测与科学评估

通过多年的业务监测和研究，我国重点海域大气污染基本情况及变化趋势已经比较清楚，并对部分海域进行了粗略的大气沉降通量估算[69-72]，但由于一系列的关键参数（干沉降速率及沉降衰减系数等）尚未准确定值，以及可靠的沉降空间分布和源解析模式尚未建立，区域大气污染物沉降负荷的估算及相关评价结果还存在很大的不确定性，不能满足管理者根据可靠的大气污染物沉降入海通量及负荷确定污染控制对策的需求。

受客观条件限制，海洋大气连续监测站点通常分布并不均匀，渤海大气监测站点基本上都设置在海岸线上，监测网格中缺少位于监测海域中间位置的岛基站或浮标站，在绘制等值线图和进行区域通量统计的时候不能采用常规的插值方法或者简单平均的方法。监测结果配合相应大气动力模型，实现对大气干湿沉降输入的区域评估和减排条件下的未来情景分析是我国海洋大气监测工作未来发展方向。

准确评估大气污染物沉降入海通量及主要来源，对于确定渤海海洋环境中的关键污染要素的来源和源强分布，完善海洋环境污染控制模型，并在此基础上为沿海经济发展规划，产业结构调整，海洋环境保护政策制定提供重要信息，有十分重要的意义。需要根据社会经济的发展和管理的要求，以及评价技术体系对基础数据的要求，对渤海海洋大气监测评价进行整体升级。

二、加强陆域区域性大气污染控制

目前渤海周边区域的大气污染控制主要是针对严峻的灰霾污染情况，控制大气污染对居民健康的负面影响。主要依据国务院发布《大气污染防治行动计划》开展大气污染防治工作，实现"重污染天气较大幅度减少，京津冀空气质量明显好转，可吸入颗粒物浓度比2012年下降10%以上，优良天数逐年提高，京津冀细颗粒物浓度分别下降25%左右，其中北京市细颗粒物年均浓度控制在 60 μg/m³ 左右"的目标。

大气污染的程度要受到该地区的自然条件、能源构成、工业结构和布局、交通状况以及人口密度等多种因素的影响。对于区域性大气污染控制，必须通过综合运用各种防治大气污染的技术措施，并在这些措施的基础上制定最佳的废气处理措施，以达到控制区域性大气环境质量、削减大气污染物入海通量的目的。统一规划能源结构、工业发展、城市建设布局等，综合运用各种防治污染的技术措施，充分利用环境的自净能力，以改善大气质量。结合《大气污染防治行动计划》具体建议如下：

一是加大综合治理力度，减少污染物排放。全面整治燃煤小锅炉，加快重点行业脱硫、脱硝、除尘改造工程建设。综合整治城市扬尘和餐饮油烟污染。加快淘汰黄标车和老旧车辆，大力发展公共交通，推广新能源汽车，加快提升燃油品质。

二是调整优化产业结构，推动经济转型升级。严控高耗能、高排放行业新增产能，加快淘汰落后产能，坚决停建产能严重过剩行业违规在建项目。

三是加快企业技术改造，提高科技创新能力。大力发展循环经济，培育壮大节能环保产业，促进重大环保技术装备、产品的创新开发与产业化应用。

四是加快调整能源结构，增加清洁能源供应。京津冀区域力争实现煤炭消费总量负增长。

五是严格投资项目节能环保准入，提高准入门槛，优化产业空间布局，严格限制在渤海周边区域建设"两高"行业项目。

六是健全法律法规体系，严格依法监督管理。国家定期公布重点城市空气质量排名，建立重污染企业环境信息强制公开制度。提高环境监管能力，加大环保执法力度。

七是建立区域协作机制，统筹区域环境治理。完善京津冀及环渤海区域大气污染防治协作机制，国务院与各省级政府签订目标责任书，进行年度考核，严格责任追究。明确各方责任，动员全民参与，共同改善空气质量，减少大气污染物输送入海。

第四节　陆源排污综合管控的跨部门协调机制

一、陆源排污管控的部门职责分析

我国涉及海洋监测的部门、单位、机构较多，除国家海洋局外，环保部、农业部、水利部、科技部、中科院、交通部、气象局、海军、一些大专院校、地方政府有关部门以及海洋工程部门，都或多或少地开展着与海洋相关的监测、调查或探究活动。受国家海洋管理体制的制约，中央与地方的海洋管理范围与事权不清，地方海洋管理部门与其他产业管理部门职能相互交叉，地区之间、部门之间开展的监测业务存在重叠交叉，监测数据资料无法共享，海洋环境监测事业难以形成合力。

海洋部门开展陆源入海排污监督性监测的最重要法律依据是《中华人民共和国海洋环境保护法》（以下简称"海环法"），并在国家海洋局原三定方案中进一步明确规定：国家海洋局负有"监督陆源污染物排海"和"拟订污染物排海标准和总量控制制度"的职责。

"海环法"中就防治陆源污染源对海洋环境的污染损害提出了9个方面的规定：①陆源入海排污口控制制度。一是排海污染物必须严格执行国家或地方的相关标准和有关规定。二是对入海排污口位置的选择和审批提出具体要求。三是规定了禁止设置排污口的区域。四是提出了设置陆源污染物深海离岸排放排污口的原则要求。②实施向海排污申报制度，由环保部门负责，但需通报海洋主管部门。③禁止和限制排放制度，规定了禁止向海排放的污染物类型，严格限制向海排放的污染物类型，以及根据海域环境特点或社会属性提出的排污限制要求。④严格控制向海转移陆源危险废物。⑤要求加强沿海城市污水的综合整治，防治生活污水对海洋环境的污染。⑥提出了对大气等其他陆源污染源控制的要求。⑦规定了对岸滩堆放固体废物的管理要求。⑧加强入海河流管理，保持水质良好。⑨国家建立并实施重点海域排污总量控制制度，确定主要污染物排海总量控制指标，并对主要污染源分配排放控制数量。

此外，在国务院颁发的《防治陆源污染物污染损害海洋环境管理条例》中也强调了海洋行政主管部门对陆源排污行为的监督职责，要求任何向海域排放陆源污染物的单位和个人，必须将其拥有的污染物排放设施、处理设施和在正常作业条件下排放污染物的种类、数量和浓度等资料在向环保部门申报的同时，也要报送海洋行政主管部门。

因此，海洋行政主管部门监督陆源排污的管理需求，主要体现在以下几方面：

1. 建立陆源入海污染源台账，掌握陆源排污的动态信息

国家海洋局应全面收集陆源入海污染源的基础信息，包括污染源的产污主体，污染物排放和处理设施，污染物排放的种类、数量、浓度，污水入海口的位置，邻近海域功能区设置情况和生态敏感性状况，邻近海域环境质量状况和水动力状况，以及入海污染源及邻近海域环境监测情况等。在此基础上，建立陆源入海污染源台账，并根据每年的监测结果，以及各向海排污单位的排污申报情况，动态更新数据库，随时掌握最新信息。

2. 监督各类陆源污染物排海行为及其环境影响，制定污染物排海标准

首先，从排海污染物类型的角度，根据"海环法"第33至36条的要求，海洋行政主管

部门应分别对油类、酸液、碱液、剧毒废液、放射性废水、含病原体废水、含有机物和营养物质废水以及含热废水等的向海排放状况开展监督性监测，特别是要加强对剧毒、放射性污染物和热污染等排放行为的监督管理。

其次，"海环法"第 12 条规定了陆源排海污水中污染物浓度的达标排放要求，因此，海洋行政主管部门一方面应对主要的陆源入海污染源污水中的污染物浓度开展监督性监测以评估其达标排放状况；另一方面要根据海洋环境的特点制定陆源污染物排海标准。

第三，"海环法"第 30 条对陆源入海排污口的设置提出了明确要求，尽管入海排污口的设置由环境保护行政主管部门审查批准，但环境保护行政主管部门在批准设置入海排污口之前，必须征求海洋、海事、渔业行政主管部门和军队环境保护部门的意见。因此，海洋行政主管部门在入海排污口的设置上必须行使好自己的权利，协助环境保护主管部门把好入海排污口设置的"审查"关，在海洋自然保护区、重要渔业水域、海滨风景名胜区和其他需要特别保护的区域，不得新建排污口；并提出优化现有排放口选址和排放方式的建议，以尽可能地减少陆源排污对海洋环境的影响。

第四，陆源排污行为是否得当，主要还是依据其对邻近海域环境的影响程度是否在允许的范围内。因此，海洋行政主管部门应重点开展陆源入海排污口邻近海域、入海江河河口海域等的生态环境状况及变化趋势监督性监测工作，以确诊单个或多个陆源入海污染源对海洋生态环境的影响范围和程度等。

3. 推动"重点海域排污总量控制制度"的逐步实施

"海环法"第 3 条规定：国家建立并实施重点海域排污总量控制制度，确定主要污染物排海总量控制指标，并对污染源分配排放控制数量。无疑，实施排污总量控制制度是监督陆源排污、保护海洋环境的终极管理措施。同时，根据国家节能减排总体部署，海洋行政主管部门还应协同环保等部门共同提出陆源污染物排海的总量控制对象和控制指标，特别是2010 年国家水体污染物减排的指标已扩大至 COD、氮、磷等。然而，目前我国还没有相关的措施出台。做好相应的技术支撑和储备，筛选需优先治理的重污染海域，逐步推进"重点海域排污总量控制制度"的实施和国家节能减排政策在海洋领域的落实，是海洋环境管理部门的重要职责。

二、建立陆源排污跨部门协调机制的建议

当前，我国正处于由分门类管理为主线的分散管理体制向分部门分级管理和综合管理相结合的综合型管理体制转变的阶段。海岸带地区陆海管理的分散性和衔接不畅的体制已落后于现代陆海统筹管理的要求，也是当前我国陆海开发与保护管理中诸多矛盾的根源之一，主要表现在：一是海岸带环境管理部门分割、职责交叉重叠，生态系统要素分离，缺乏统筹规划和顶层设计。尽管建立了一些部门协调机制，但部门协调能力不足，对相关部门的约束力有限。二是对生态系统的系统性、完整性考虑不足，管理区域人为分割，缺乏

空间和时间统筹，近岸海域污染防治等管理实践工作往往缺乏陆海统筹，导致近岸海域环境质量恶化趋势未能得到根本遏制。为此，国务院《水污染防治行动计划》明确提出"地表与地下、陆上和海洋污染同治理"的思路，要求打破区域、流域和陆海界限，实行要素综合、职能综合、手段综合，加强陆海统筹和区域联动，建立跨地区、跨部门、跨领域的污染联防联控机制。

1. 开展流域–海域污染联防联控，有效改善近岸海域环境质量

坚持陆海统筹、河海兼顾、区域联动，以环渤海、"长三角"、"珠三角"等为重点区域，以近岸海域水质目标考核制度和重点海域污染物总量控制制度等为重要抓手，摸清河流、排污口、大气沉降、海水养殖、海洋工程排污等陆海污染源家底及其环境归趋和污染贡献，分区评估近岸海域环境容量和相关联陆域污染减排成本，把近岸海域环境质量改善的要求融入国家水气污染减排和流域综合治理的总体战略布局，加强陆上源头治理和海洋生态环境影响监督，实行治海先治河、治河先治污、河海共治模式。

2. 加强海陆协同的监测预警体系建设，落实海洋环境保护责任

以国家生态环境监测网络建设的总体要求和目标为指导，做好海洋生态环境监测体系与陆地生态环境监测体系的协调对接，对相关联的生态环境要素统一监测指标和技术标准，促进数据共享，建立信息共享平台。特别是要加强国家海洋环境实时在线监控系统建设，实现各类陆源入海污染源对近岸海域环境影响的过程、范围和程度等的立体、动态、实时监控，为落实海洋环境保护责任提供精准化监督信息，为实施基于生态系统的适应性管理和动态管理提供决策支撑。

3. 健全统一协调的政策体系，形成完整高效的协调联动机制

建立跨部门的高层决策机制，充分发挥海洋行政主管部门对海洋事务的综合协调作用，巩固和稳定各部门、各地区齐抓共管的体制，形成政策合力，以保障海洋生态环境保护相关的政策和法律有效执行。以海岸带区域发展规划的实施为契机，率先推进陆海兼备的国家生态文明先行示范区建设，建立健全陆海统筹、区域联动的配套机制，以基于生态系统的综合管理理念为指导，进一步理顺各涉海部门的依法管理和分工协作机制，通过政策和制度创新，夯实海洋生态环境保护的资金和技术保障长效机制、环境执法联动机制、社会力量参与机制、监督制衡和反馈机制、评估考核和责任追究机制等。

参考文献

[1] 王斌. 中国海洋环境现状及保护对策. 环境保护, 2006, 20, 24-29.

[2] 关道明. 我国近岸典型海域环境质量评价和环境容量研究. 北京: 海洋出版社, 2011.

[3] 赵淑江, 吕宝强, 王萍等. 海洋环境学. 北京: 海洋出版社, 2006.

[4] Enell M. Environment impact of nutrients from Nordic fish farms. Water science and Technology, 1995, 31, 61-71.

[5] 潘灿民, 张珞平, 黄金良等. 厦门西海域、同安湾入海污染负荷分析. 海洋环境科学, 2011, 1, 90-95.

[6] 中华人民共和国海洋环境保护法. 1996 年 12 月.

[7] 郭翙洁. 海洋陆源污染国家管辖制度研究. 华东政法大学硕士论文, 2013.

[8] 马绍赛, 辛福言, 崔毅等. 黄河和小清河主要污染物入海量估算. 海洋水产研究, 2004, 25 (5), 47-51.

[9] McKenzie J L, Quinn G P, Matthews T G, et al. Influence of intermittent estuary outflow on coastal sediments of adjacent sandy beaches. Estuarine, Coastal and Shelf Science, 2011, 92 (1), 59-69.

[10] Line D E, Mclaughlin R A, Osmond D L, Jennings G D, Harman W A, Lomnardo L A, J Spooner, Nonpoint sources, Water Environment Research, 1998, 70 (4), 895-911.

[11] 王晓燕, 非点源污染及其管理. 北京: 海洋出版社.

[12] 郑涛, 穆环珍, 黄衍初等. 非点源污染控制研究进展. 环境保护, 2005, 2, 31-34.

[13] 高会旺, 张英娟, 张凯. 大气污染物向海洋的输入及其生态环境效应. 地球科学进展, 2002, 17, 326-330.

[14] 宋国君. 论中国污染物排放总量控制和浓度控制. 环境保护, 2000, 6, 11-13.

[15] 张志锋, 韩庚辰, 王菊英. 中国近岸海洋环境质量评价与污染机制研究. 北京: 海洋出版社, 2013.

[16] 杨积武. 近岸海域实施污染物排放总量控制的理论与实践. 海洋信息, 2001, 2, 24-26.

[17] 夏青, 王华东, 关伯仁等. 总量控制技术手册. 北京: 中国环境科学出版社, 1990.

[18] Ortolano L. Environmental Planning and Decision Making. New York, 1984.

[19] 王芳. 近岸海域污染物总量控制方法及应用研究. 天津大学硕士论文, 2008.

[20] Baumgart H C, Teichgraber B. Managing the Lower Lippe. Water Quality International. 1999, 10 (1), 46-51.

[21] Drapper D, Tomlinson R, Williams P. Pollution concentration in road runoff: southeast Queensland case study. Journal of Environmental Engineering, 2000, 4, 313-320.

[22] Duarte E A, Neto I, Alegrias M, et al. "Appropriate technology" for pollution control in corrugated board industry-the Portuguese case. Water Science and Technology, 1998, 38 (6), 45-53.

[23] Thorolfsson S T. A new direction in the urban runoff and pollution management in the city of Bergen, Norway. Water Science and Technology, 1998, 5 (10), 123-130.

[24] 王建, 张金生. 日本水质污染总量控制及其方法. 环境科学与技术, 1981, 4, 55-64.

[25] 朱连奇. 日本水质保护的现状及趋势. 中国人口资源与环境, 1999, 4, 107-109.

[26] 张存智, 韩康, 张砚峰等. 大连湾污染排放总量控制研究-海湾纳污能力计算模型. 海洋环境科学, 1998, 17 (3), 1-5.

[27] 王修林, 李克强. 渤海主要化学污染物海洋环境容量. 北京: 科学出版社, 2006.

[28] 陈力群. 莱州湾海洋环境评价与污染总量控制方法研究. 中国海洋大学硕士论文, 2004.

[29] 王悦. M2 分潮潮流作用下渤海湾物理自净能力与环境容量的数值研究. 中国海洋大学硕士论文, 2005.

[30] 郭良波, 江文胜, 李凤岐等. 渤海 COD 与石油烃环境容量计算. 青岛: 中国海洋大学学报, 2007, 37 (2), 310

－316.

[31] 刘明．辽河口污染物扩散数值模拟及总量控制研究．大连海事大学硕士论文，2006.

[32] 李俊龙．胶州湾排海污染物总量控制决策支持系统的设计和开发研究．中国海洋大学硕士论文，2008.

[33] 林志兰，余兴光，王灏等．罗源湾海域表层海水氮磷含量的季节分布特征及长期变化趋势．北京：海洋开发与管理，2010，27（3），56-58.

[34] 陈慧敏．乐清湾污染物排放总量控制方法研究．上海交通大学硕士论文，2011.

[35] 刘连，黄秀清，杨耀芳等．象山港海域环境容量及其分配研究．北京：海洋开发与管理，2011，9，109-113.

[36] 崔正国．环渤海13城市主要化学污染物排海总量控制方案研究．中国海洋大学博士论文，2008.

[37] Zhao X X, Wang X L, Shi X Y, et al. Enviromental capacity of chemical oxygen demand in the Bohai Sea：modeling and calculation. Chinese Journal of Oceanology and Limnology, 2011, 29（1），46-52.

[38] 乔旭东．胶州湾排污管理区和单元主要化学污染物分配容量的准确计算研究．中国海洋大学博士论文，2009.

[39] 胡洪营，吴乾元，杨扬等．面向毒性控制的工业废水水质安全评价与管理方法．环境工程技术学报，2011，1，46－51.

[40] Langston W J, Chesman B S, Burt G R. Review of biomarkers, bioassays and their potential use in monitoring the Fal and Helford SAC. Citadel Hill：Marine Biological Association, 2007.

[41] Power E A, Boumphrey R S. International trends in bioassay use for effluent management. Ecotoxicology, 2004, 13（5），377-398.

[42] 刘国华，傅伯杰，杨平．海河水环境质量及污染物入海通量．环境科学，2001，22（4），46-50.

[43] 熊代群．海河干流与邻近海域典型污染物的分布及其生态环境行为．华南热带农业大学硕士学位论文，2005.

[44] 柴宁．大辽河水系主要污染物特征分析．环境保护科学，2006，32（3），19-21.

[45] 孟春霞，邓春梅，姚鹏等．小清河口及邻近海域的溶解氧．海洋环境科学，2005，24（3），25-28.

[46] 刘成，王兆印，何耘等．环渤海湾诸河口水质现状的分析．环境污染与防治，2003，25（4），222-225.

[47] 孟伟，刘征涛，范薇．渤海主要河口污染特征研究．环境科学研究，2004，17（6），66-69.

[48] 夏斌．2005年夏季环渤海16条主要河流的污染状况及入海通量．中国海洋大学硕士论文，2007.

[49] 张永宁，李志华，王辉等．渤海海域气象、海况对客滚船的影响及对策研究报告．船舶大风浪中操纵（下册）．2006，45.

[50] 高会旺，黄美元．东亚地区硫污染物的空间分布特征．环境科学学报，1999，19（1），47-51.

[51] 张美根，徐永福，张仁健等．东亚地区春季黑碳气溶胶源排放及其浓度分布．地球物理学报，2005，48（1），46－51.

[52] Galloway J N, Dentener F J, Capone D Q, et al. Nitrogen cycles：past, present and future. Biogeochemistry, 2004, 70, l53－226.

[53] 方华，莫江明．活性氮增加：一个威胁环境的问题．生态环境，2006，15（1），164-168.

[54] Xuejun L, Ying Z, Wenxuan H, et al. Enhanced nitrogen deposition over China. Nature, 2013, 494, 459-462.

[55] Lammel G, Ghim Y S, Broekaert J A C, et al. Heavy metals in air of an eastern China coastal urban area and the Yellow Sea. Fresenius Environmental Bulletin, 2006, 15（12A），1539-1548.

[56] Meng W, Qin Y W, Zheng B H, et al. Heavy metal pollution in Tianjin Bohai Bay, China. Journal of Environmental Sciences, 2008, 20（7），814-819.

[57] 暨卫东．我国专署经济区和大陆架勘测研究论文集，南海营养盐增补与转移现象研究．北京：海洋出版社，2002.

[58] 孙庆瑞，王美蓉．我国氨的排放量和时空分布，大气科学，1997，21（5），590-598.

[59] GESAMP, Atmospheric input of trace species to the world ocean, Report no. 14, UNESCO, Athens. 1989.

[60] Ayars J, Gao Y. Atmospheric nitrogen deposition to the Mullica River-Great Bay Estuary. Marine Environmental Research, 2007, 64, 590-600.

［61］ Gao Y. Atmospheric nitrogen deposition to Barnegat Bay. Atmospheric Environment, 2002, 36, 5783-5794.

［62］ OSAPR, Assessment of trends in atmospheric concentration and deposition of hazardous pollutants to the OSPAR maritime area. OSAPR Commission 2005.

［63］ DRAXLER R R, HESS G D. An overview of the HYSPIIT_ 4 modeling system for trajectories, dispersion deposition. Australian Meteorological Magazine, 1998, 47, 295-308.

［64］ 孙庆瑞, 王美蓉. 我国氨的排放量和时空分布. 大气科学, 1997, 21（5）, 590-598.

［65］ 张艳. 陆源大气含氮物质的传输与海域沉降研究. 上海：复旦大学博士学位论文, 2007.

［66］ Paerl H W, Whitall D R. Anthropogenically－derived atmospheric nitrogen deposition, marine eutrophication and harmful algal bloom expansion：is there a link? AMBIO, 1999, 28, 307-311.

［67］ Zou L, Chen H T, Zhang J. Experimental examination of effects of atmospheric wet deposition on primary production in the Yellow Sea. J Exp. Mar. Biol. Ecol. , 2000, 249, 111-121.

［68］ Paerl H W. Coastal eutrophication in relation to atmospheric nitrogen deposition：current perspectives. Ophelia, 1995, 41, 237-259.

［69］ 2009 年中国海洋环境质量公报. 国家海洋局, 2009 年.

［70］ 2010 年中国海洋环境质量公报. 国家海洋局, 2010 年.

［71］ 2011 年中国海洋环境质量公报. 国家海洋局, 2011 年.

［72］ 2012 年中国海洋环境状况公报. 国家海洋局, 2012 年.